从零开始
学习
数码摄影用光

摄影客 ——— 编著

人民邮电出版社

北 京

图书在版编目（CIP）数据

从零开始学习数码摄影用光 / 摄影客编著. -- 北京：人民邮电出版社，2024.1
ISBN 978-7-115-62819-0

Ⅰ. ①从… Ⅱ. ①摄… Ⅲ. ①数字照相机－摄影光学 Ⅳ. ①TB811

中国国家版本馆CIP数据核字(2023)第193857号

内 容 提 要

本书专注于介绍摄影中的用光技巧，有针对性地探讨了日常摄影的光线应用方法，帮助零基础的初学者迅速了解与摄影用光相关的概念。

本书采用渐进式的教学方法，从基础学习逐步延伸至实际操作。首先介绍曝光和测光等摄影基本概念，让初学者了解相机的基本工作原理并掌握测光技巧。测光技巧是理解相机与光线关系、确保照片曝光准确的关键。接着，介绍光线的基本知识，阐述自然光和人造光的特点，让初学者初步了解光线的特性，从而在实际拍摄时能够判断光线的方向和性质，根据拍摄目标选择适当的拍摄方法。随后，针对不同拍摄主体进行详细介绍，初学者可在书中找到相应题材，并借鉴书中的用光技巧，让照片更加出色。

本书为摄影初学者提供了实用的参考和指导。

◆ 编　　著　摄影客
　　责任编辑　杨　婧
　　责任印制　陈　犇

◆ 人民邮电出版社出版发行　　北京市丰台区成寿寺路 11 号
　　邮编　100164　　电子邮件　315@ptpress.com.cn
　　网址　https://www.ptpress.com.cn
　　天津图文方嘉印刷有限公司印刷

◆ 开本：880×1230　1/32
　　印张：4.75　　　　　　　2024 年 1 月第 1 版
　　字数：208 千字　　　　　2024 年 1 月天津第 1 次印刷

定价：39.90 元

读者服务热线：(010)81055296　印装质量热线：(010)81055316
反盗版热线：(010)81055315
广告经营许可证：京东市监广登字 20170147 号

前言

自摄影诞生以来，其与光线的联系便难以分割。光线是摄影的基石，没有光线，摄影几乎无从谈起。换言之，摄影倚赖光线，只有在光线存在的情况下，摄影才能展开。在日常拍摄中，我们注意到，同一场景在不同光线下会呈现截然不同的视觉效果。光线直接影响画面效果，因此观察和分析环境中的光线，然后运用适当的拍摄技巧来适应光线环境，成为摄影不可或缺的关键环节。

然而，很多初学摄影者在刚开始接触摄影时，可能未意识到摄影与光线之间的紧密联系。他们可能会忽略环境中光线的作用，甚至仅仅按下快门按钮而不考虑光线的角色，导致所拍照片的效果远不如实际景象引人入胜。虽然有时候可能因偶然因素取得令人满意的效果，但对于如何取得这一效果却难以解释；且在不同场景下，可能不知如何应对，无法实现预期的效果。

实际上，随着摄影技术的演进，前人总结出许多适应不同光线环境的实用技巧。这些用光技巧可帮助初学者在复杂的光线条件下拍出好照片，例如，在强光照射下拍摄人像，可以利用闪光灯或反光板进行补光；在冬季拍摄大片雪景时，适当增加曝光来保持雪的洁白；使用长时间曝光捕捉夜晚城市灯光的情景，等等。

本书从曝光、测光、光线特性、自然光、人造光，到各种题材实拍中的用光技巧、后期曝光调整等多个角度，详细介绍了前人总结的用光经验。首先介绍基本用光技巧，然后根据不同题材展开，详细讲解不同场景下的用光方法。初学者可以有针对性地找到相关内容，模仿书中的用光方法，更准确地应对不同拍摄环境中的光线，从而拍出更精美的照片。在设计人造光源时，也可借鉴这些用光技巧，找到最佳布光方式。

在本书撰写过程中，我们竭力确保对技术的准确把握，以及文字的流畅易懂。然而，仍可能存在遗漏之处，欢迎读者提出建议与意见，我们的邮箱是770627@126.com。最后，感谢子文为本书的文字编写做出的贡献，也感谢摄影师（排名不分先后）陈丹丹、董帅、吴法磊、付文瀚、尤龙、子文为本书提供的精美作品。特别感谢你——本书读者，从众多图书中选择阅读我们的作品，愿书中的文字和图片同样感动着你。

PREFACE

目录 CONTENTS

第1章 摄影用光之曝光

1.1　什么是曝光　　　　　　　　　　　　　　010

1.2　影响曝光的要素　　　　　　　　　　　　011

1.3　光圈与景深的关系　　　　　　　　　　　014

1.4　快门速度与画面清晰度的关系　　　　　　015

1.5　感光度与噪点的影响　　　　　　　　　　016

1.6　曝光补偿的意义和作用　　　　　　　　　017

1.7　曝光补偿的适用场景　　　　　　　　　　018

1.8　在 Av、Tv 曝光模式下调整曝光补偿　　　020

1.9　手动曝光拍摄模式下的曝光参数设置　　　021

1.10　曝光中的"宁缺勿曝"概念解析　　　　　022

1.11　直方图的取读与理解　　　　　　　　　　023

1.12　复杂光线环境下使用包围曝光拍摄　　　　025

1.13　多重曝光的有趣应用　　　　　　　　　　026

第2章 摄影用光之测光

2.1　测光的定义与作用　　　　　　　　　　　028

2.2　常见的测光模式及设置方法　　　　　　　029

2.3　点测光的概念与应用　　　　　　　　　　030

2.4　中央重点平均测光的原理与使用　　　　　032

2.5　评价测光的特点与适用场景　　　　　　　033

2.6　局部测光的使用方法与技巧　　　　　　　034

2.7　曝光锁定的操作与应用　　　　　　　　　035

2.8　选择最佳测光区域　　　　　　　　　　　036

第 3 章 摄影用光之光线应用

3.1　光线的特性与分类　　　　　　　038

3.2　利用顺光实现均匀光照效果　　　043

3.3　90°侧光的应用与效果　　　　　044

3.4　45°侧光的使用技巧与优势　　　045

3.5　侧逆光的利用与轮廓光效果　　　046

3.6　逆光拍摄中的艺术创作与应用　　047

3.7　利用环境中反光性强的物体对主体进行补光　048

第 4 章 自然光下的摄影技巧

4.1　常用于自然光摄影的摄影附件　　050

4.2　在清晨或傍晚拍摄绚丽的景色　　053

4.3　正午顶光下的拍摄技巧　　　　　054

4.4　在雪天拍摄的技巧　　　　　　　055

4.5　在阴雨天拍摄的技巧　　　　　　057

4.6　在大雾天拍摄的技巧　　　　　　058

第 5 章 人造光下的摄影技巧

5.1　人造光的种类　　　　　　　　　060

5.2　利用环境光进行拍摄的方法　　　061

5.3　提高感光度值，增加画面的临场感　062

5.4　影棚内的常用设备　　　　　　　063

5.5　区分主光和辅光在影棚内的应用　066

5.6　增加影棚拍摄照片的亮点　　　　069

第 6 章 风景题材实拍训练

6.1　拍摄风光摄影的最佳时间　　　　072

6.2　如何准确测光进行风光摄影　　　074

6.3　解决照片眩光问题的方法　　　　075

6.4　拍摄水中倒影的技巧　　　　　　076

6.5　消除水面反光的实用方法　　　　077

6.6　创造波光粼粼水面效果的拍摄技巧　　　　078

6.7　拍摄宏大太阳景象的技巧　　　　079

6.8　高速快门捕捉水滴飞溅的技巧　　　　080

6.9　使用慢速快门拍摄溪流瀑布效果的指南　　　　081

6.10　利用明暗对比拍摄壮美山景　　　　082

6.11　在树林中创造梦幻效果的拍摄方法　　　　083

6.12　如何捕捉多云正午的草原景色　　　　084

6.13　表现沙漠纹理与质感的摄影技巧　　　　085

6.14　呈现白云层次感的拍摄技巧　　　　086

6.15　在弱光条件下拍摄风景的方法　　　　087

6.16　使用包围曝光拍摄高对比度场景的技巧　　　　088

第 7 章　花卉题材实拍训练

7.1　拍摄花卉的不同时机　　　　090

7.2　拍摄白色或浅色花朵　　　　091

7.3　增强花瓣透明感的拍摄技巧　　　　092

7.4　半透明花卉照片效果的拍摄方法　　　　093

7.5　利用明暗对比拍摄花卉主体　　　　096

7.6　提升花卉颜色鲜艳度的摄影技巧　　　　097

7.7　增强花卉主体纹理与质感的拍摄方法　　　　098

7.8　拍摄大场景花卉主体的技巧　　　　099

7.9　创造迷人光斑效果的花卉背景拍摄　　　　100

第 8 章　美食与饰品题材实拍训练

8.1　在室内自然光环境下拍美食的方法　　　　102

8.2　增强静物作品的立体感　　　　103

8.3　打造静物作品的现场感与质感　　　　104

8.4　避免食物照片偏暗，增加亮丽度　　　　105

8.5　逆光拍摄静物美食的技巧　　　　106

8.6	全面细腻地表现饰品细节的方法	107
8.7	拍摄白色物品的技巧	108
8.8	拍摄黑色物品的窍门	109
8.9	在展馆内拍摄清晰静物照片的方法	110

第 9 章 人像题材实拍训练

9.1	人像摄影中的测光技巧	112
9.2	室外人像摄影：选择最佳拍摄时间	113
9.3	如何在晴天强光环境下拍摄人像	114
9.4	使用反光板补光的方法	116
9.5	如何在阴雨天的柔和光线下拍摄人像	118
9.6	美白皮肤的人像摄影技巧	119
9.7	突显人物面部细节的技巧	120
9.8	增强人物立体感的拍摄技巧	121
9.9	逆光条件下的人像摄影策略	122
9.10	为人像添加眼神光的技巧	123
9.11	室内光线不足时的处理方法	124
9.12	利用窗外光线拍摄室内人像	125
9.13	明暗对比打造简洁人像照片	126
9.14	咖啡厅环境中的人像摄影	127
9.15	结合影子的创意人像拍摄	128

第 10 章 动物题材实拍训练

10.1	室内光线不足时的拍摄方法	130
10.2	在室内拍摄动物时如何使用闪光灯	132
10.3	在动物园内拍摄时如何避免玻璃反光	133
10.4	让动物周围的毛发形成轮廓光的技巧	134
10.5	拍摄浅色或白色动物的技巧	135
10.6	保证高速快门下照片曝光准确的方法	136

第 11 章 城市建筑题材实拍训练

11.1　选择适宜的天气进行拍摄　　　　　138

11.2　增强建筑的立体效果　　　　　139

11.3　更好地呈现建筑细节　　　　　140

11.4　突显建筑轮廓的技巧　　　　　142

11.5　捕捉城市夜景的最佳时机　　　　　143

11.6　利用建筑玻璃反射进行创作　　　　　144

11.7　选择城市夜景摄影地点　　　　　145

11.8　感光度选择与城市夜景摄影　　　　　146

11.9　夜景摄影的必备设备　　　　　147

11.10　夜景长时间曝光摄影　　　　　148

11.11　创造星芒效果的城市夜景摄影　　　　　149

11.12　捕捉迷人的光斑效果　　　　　150

11.13　在立交桥上记录车流景象　　　　　151

第 1 章

摄影用光之曝光

在摄影学习中，用光是一个从基础知识逐步深入的过程。我们首先从曝光的概念开始，一点一点地深入探讨，使摄影学习变得系统、有条理。

本章涵盖了摄影中影响曝光的要素、控制曝光的方法以及常见的曝光技巧等内容，帮助读者由浅入深地了解摄影用光的基础知识。

1.1 | 什么是曝光

　　曝光是指在拍摄场景中，景物在光线的作用下，通过相机镜头投射到感光元件上，形成影像的过程。它是一系列步骤的组合，是相机将拍摄场景映射成图像的过程。在实际拍摄中，曝光就是指按下快门按钮，相机捕捉景物的瞬间。

　　需要强调的是，这里所称的曝光仅仅涵盖了快门按钮按下、图像形成的阶段，并不涉及最终照片的成像效果。换言之，无论照片最终效果如何，外界景物经由相机感光元件显影成像的整个过程都被统称为曝光。

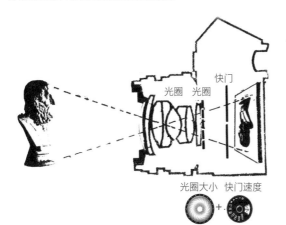

曝光示意图。如图所示，曝光就是相机将景物拍摄下来的过程

秋季拍摄红叶，将溪流中漂流的落叶拍摄下来的瞬间就是曝光

1.2 | 影响曝光的要素

曝光是图像生成的过程。在实际拍摄中，我们能够通过操控影响曝光的三大要素来掌握曝光效果，三大要素分别为光圈、快门速度以及感光度。

光圈

光圈是镜头的一个组件，通过调节光圈叶片的展开程度，可以决定镜头所接收的光线量。光圈的大小决定了通过镜头传入感光元件的光量，其度量单位为f/，如f/2.2、f/5.6等。

值得留意的是，f/值越小，光圈越大，在同一时间单位内，所传入的光线就越多。并且，相邻两个f/值之间的光量关系为一倍，如从f/8调至f/5.6，光线增加一倍，即光圈放大一级。

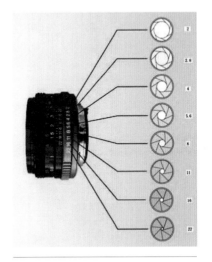

光圈的f/值越小，光圈形成的空洞越大，而在其他条件一定的情况下，光量增加，照片曝光会更充足

镜头内的光圈装置

为了更直观地理解光圈与曝光的关系，我们可以进行一组对比实验。在同一场景下，将快门速度设置为1/640s，感光度设置为ISO 100，并保持相机参数不变。然后分别拍摄一组不同大小光圈的照片，比如f/2.8、f/5.6、f/8等。在对比照片亮度时会发现，在其他参数保持不变的情况下，光圈越大，照片越亮；反之，光圈越小，照片越暗。

快门速度

快门速度是指相机快门打开与关闭之间的时间，通常以"s（s）"作为单位。快门速度与曝光的关系可以简单归结为：在同一场景下拍摄，光源不变，感光度与光圈固定不变的情况下，快门速度越快，感光元件接收到的光线越少，照片越暗；反之，快门速度越慢，感光元件接收到的光线越多，照片越亮。

如将光线比作水流，快门速度就是水龙头的开关。开启的时间越久，水流量越大；反之，水流量则越小。同样地，快门速度越快，感光元件曝光时间越短，照片越暗；快门速度越慢，感光元件曝光时间越长，照片越亮。

相机内的快门部件

为了更直观地理解快门速度与曝光的关系，我们可以进行一组对比实验。在光源较稳定的场景下，将光圈与感光度设置为恒定不变。然后观察不同快门速度对曝光的影响。

在这组对比图中，我们保持光圈设置为f/4.5，感光度设置为ISO 100，并且这两个参数不变。然后对比不同快门速度下拍摄的照片亮度情况，可以明显看出，在其他条件不变的情况下，快门速度越慢，照片曝光越充足，照片越亮；反之，则越暗。

▌感光度

在摄影中，感光度是指相机中感光元件（CCD或CMOS）对光线感应的灵敏程度。感光度越高，感光元件对光线感应越灵敏。在摄影中，感光度通常用ISO来表示，比如ISO 100表示感光度为100的情况。

感光度与曝光的关系简单来说是：在同一场景中，光源不变的情况下，光圈与快门速度固定时，感光度越高，感光元件对光源感应越灵敏，照片会越亮；反之，感光度越低，照片会越暗。

为了更直接地理解感光度与曝光的关系，我们可以进行一组对比实验。在同一场景下，将快门速度设置为1/100s，光圈设置为f/2.2，并保持相机参数不变。然后分别拍摄一组不同感光度的照片，观察对比照片的亮度会发现，在其他参数保持不变的情况下，感光度值越大，照片越亮；反之，感光度值越小，照片越暗。

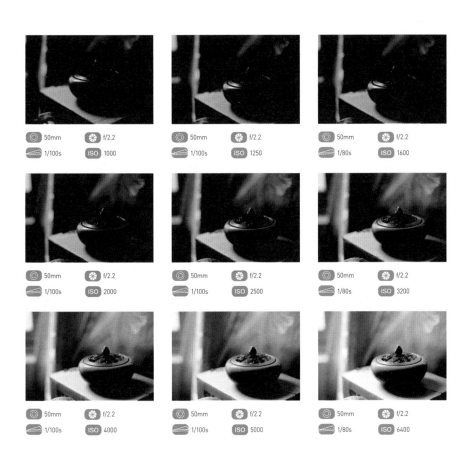

50mm　f/2.2　1/100s　ISO 1000
50mm　f/2.2　1/100s　ISO 1250
50mm　f/2.2　1/80s　ISO 1600

50mm　f/2.2　1/100s　ISO 2000
50mm　f/2.2　1/100s　ISO 2500
50mm　f/2.2　1/80s　ISO 3200

50mm　f/2.2　1/100s　ISO 4000
50mm　f/2.2　1/100s　ISO 5000
50mm　f/2.2　1/80s　ISO 6400

1.3 | 光圈与景深的关系

在摄影中，景深扮演着至关重要的角色。简言之，景深指的是当焦距定位在某一点时，该点前后仍保持清晰的范围，被呈现在照片中就是画面中的清晰区域。

在相同焦距、相机机身和拍摄场景的情况下，光圈的大小直接影响景深的深度。也就是说，不同的光圈大小会导致照片的清晰范围不同。因此，在实际拍摄中，我们能够通过调节光圈的大小来控制照片中清晰区域的范围。

景深表现在画面中，便是照片中清晰的区域

我们可以通过以下一组对比图来进一步了解光圈与景深之间的具体关系。

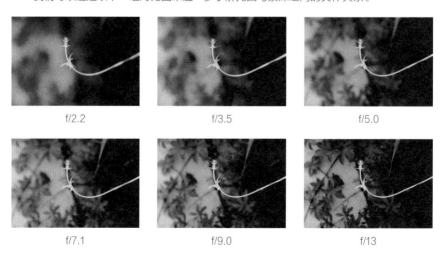

| f/2.2 | f/3.5 | f/5.0 |
| f/7.1 | f/9.0 | f/13 |

在其他条件不变的情况下，光圈的大小对景深产生影响：光圈越大，背景的虚化程度越明显；光圈越小，背景则会更加清晰。

1.4 | 快门速度与画面清晰度的关系

　　快门速度会影响照片的清晰度。我们可以从以下两个角度来了解快门速度与图像清晰度之间的关系。

　　（1）手持相机使用较慢的快门速度拍摄时，轻微的手抖也可能让画面模糊。在这种情况下，我们可以借助三脚架等辅助设备来稳定相机，以确保照片的清晰度。

　　（2）当使用三脚架稳定相机、采用较慢的快门速度拍摄高速运动的主体时，运动主体可能会出现模糊。通常情况下，为了定格运动主体的瞬间，我们会使用高速快门，比如在拍摄浪花击打礁石时，可以用高速快门捕捉并固定浪花飞溅的瞬间。

运用高速快门，捕捉浪花拍击礁石的瞬间，将溅起的水花凝固在照片上

运用较慢的快门速度拍摄海岸边的景色，画面中的海浪在慢速快门的影响下，呈现出如雾气般朦胧缥缈的效果

1.5 ｜ 感光度与噪点的影响

感光度值越高，画面中的噪点也越多。这是因为高感光度会使相机感光元件对光线更为敏感，在增幅影像信号时会混入电子噪点。在实际拍摄中，若条件允许，应尽量选择较低的感光度值以确保画质更加细腻。

在弱光环境下，使用高感光度会导致画面中出现明显的噪点，但从不同角度来看，我们在实际拍摄时可以巧妙地运用这一技巧。适当提高感光度，可使照片增加颗粒感，从而为整个画面增添独特趣味。同时，这也可赋予照片一些粗糙质感，为作品增色添彩。

当拍摄风景照片时，选择较低的感光度，可以让照片的画质更加细腻

在光线不充足的室内拍摄时，增加感光度值，可以在保证曝光准确的情况下增加照片的颗粒感

1.6 | 曝光补偿的意义和作用

曝光补偿是一种控制曝光的方法，以"EV"为单位表示。然而，并非所有拍摄模式下都支持曝光补偿调整。通常，在程序自动模式、光圈优先模式和快门优先模式下，可以通过调整曝光补偿来控制照片的曝光水平。但在手动模式下，无法使用曝光补偿。

当遇到光线较暗的情况，如果想让照片更明亮，可以增加曝光补偿值；相反，如果想让照片显得较暗，可以减少曝光补偿值。通过这样的操作，可以对照片的曝光水平进行微调。

佳能相机曝光补偿菜单　　　　　　　　尼康相机曝光补偿菜单

在室内拍摄散落的小球时，如果光线较暗，可以适当增加曝光补偿来提高照片的亮度，从而更好地表现整体细节

1.7 | 曝光补偿的适用场景

　　使用相机的测光模式进行拍摄，有时会得到曝光不理想的照片，此时需要适当调节曝光补偿来控制曝光。

f/11

1/400s

ISO 200

曝光补偿 +0.3EV

用相机测光模式拍摄光线差别不大的场景，画面出现曝光不准确的情况，可以适当调整曝光补偿，让照片曝光准确

f/5.6

1/600s

ISO 200

曝光补偿 −0.3EV

在拍摄光比较大的场景时，相机自动测光容易导致画面曝光不准，这时可以调整曝光补偿，让照片曝光准确

（1）当使用相机的测光模式拍摄时，可能会出现曝光不足或曝光过度的情况。为了纠正这些曝光问题，我们可以通过调整曝光补偿来修正照片中的曝光偏差。

（2）如果我们特意追求曝光过度或严重曝光不足的特殊效果，可以根据需要调整曝光补偿来达到预期的效果。

（3）曝光中常会用到的"白加黑减"。

在摄影中，"白加"指的是在拍摄大面积白色场景时，需要增加曝光补偿，以使白色更加明亮洁白，避免出现发灰现象。这适用于拍摄白色雪景或高亮度作品等场景。相反，"黑减"则是在拍摄大面积黑色或暗色场景时，需要减少曝光补偿，使黑色更真实，避免出现曝光过度和色彩失真。这适用于拍摄黑色背景或黑色主体等情况。

在白色背景中拍摄人像时，可以适度增加曝光补偿，使照片整体更明亮

在黑色背景中拍摄时，则可以适当减少曝光补偿，确保照片中的镜头曝光更准确

1.8 | 在Av、Tv曝光模式下调整曝光补偿

通常，在光圈优先模式（Av或A）或快门优先模式（Tv或T）下拍摄时，可以通过调整曝光补偿来控制照片的曝光。接下来，我们在相应的拍摄模式下，调节曝光补偿，观察曝光三要素的变化，以确定曝光补偿如何影响曝光结果。

（1）在光圈优先模式下，将光圈值和感光度设置为固定值，分别拍摄曝光补偿为-1EV、0EV、+1EV的同一场景照片，并观察参数的变化。我们会发现，随着曝光补偿的增加或减少，照片中的快门速度也发生了变化，曝光补偿增加时，快门速度变慢，导致照片变得更亮。

（2）在快门优先模式下，将快门速度和感光度设置为固定值，分别拍摄曝光补偿为-1EV、0EV、+1EV的同一场景照片，并观察参数的变化。我们会发现，随着曝光补偿的增加或减少，照片中的光圈值也发生了变化，曝光补偿增加时，光圈会扩大，导致照片变得更亮。

在以上对比图中可以看出，增加或减少曝光补偿相当于要获得更亮或者更暗的效果的照片。为了实现这一效果，相机会相应地调整曝光参数。曝光补偿并不是新的影响曝光的要素，而是我们向相机发出的一个需要更亮或更暗的指令。相机根据这个指令来调整影响曝光的参数，从而达到我们想要的效果。

1.9 | 手动曝光拍摄模式下的曝光参数设置

在手动曝光拍摄模式下，我们可以自由调节光圈、快门速度和感光度这三个要素。了解它们之间的关系后，我们可以在手动曝光拍摄模式中深入体验它们的相互作用。在实际操作中，我们可以固定其中一个要素，然后探讨为了保持曝光准确，其他两个要素之间的关系。

（1）调节并固定感光度值，观察光圈与快门速度之间的关系。设定感光度为ISO 800，我们会发现在相同场景和光照条件下，保持感光度值不变时，光圈与快门速度呈反比关系。换句话说，当我们增大光圈时，为了保持曝光准确，我们需要降低快门速度；反之，当我们缩小光圈时，为了保持曝光准确，我们需要增加快门速度。

f/9.0　1/160s　f/6.3　1/250s　f/4.5　1/640s　f/2.8　1/1600s

（2）继续在手动曝光拍摄模式下，固定快门速度，保持其为1/2000s，然后观察光圈与感光度值之间的关系。我们发现在相同场景和快门速度下，光圈与感光度值呈反比关系。也就是说，当我们缩小光圈时，为了保持准确曝光，我们需要增加感光度值；反之，当我们增大光圈时，为了保持准确曝光，我们需要减小感光度值。

f/2.8　ISO 800　f/4.5　ISO 1600　f/6.3　ISO 3200　f/11　ISO 10000

（3）继续在手动曝光拍摄模式下，固定光圈值为f/2.8，保持其不变，然后观察快门速度与感光度值之间的关系。我们发现在相同场景和光圈值下，快门速度与感光度值呈正比关系。也就是说，当我们提高快门速度时，为了保持准确曝光，我们需要增加感光度值；反之，当我们降低快门速度时，为了保持准确曝光，我们需要减小感光度值。

1/500s　ISO 200　1/1000s　ISO 400　1/2000s　ISO 800　1/5000s　ISO 2000

1.10 | 曝光中的"宁缺勿曝" 概念解析

　　通过调节曝光三要素得到曝光准确照片，真实还原人眼所看到的场景，是初学者拍摄的第一步。换言之，曝光的基本点是确保场景中的细节得到完美呈现。

　　在实际拍摄中，如果照片出现曝光过度的情况，我们对照片进行后期处理时会发现，亮部区域的细节很难挽回，因为这会造成画面亮部细节的丢失。因此，我们常会听到"宁缺勿曝"的说法，也就是在光比较大的环境中或者不好调整曝光的场景中，我们应该尽量让照片稍微曝光不足一些，较为完整地保留照片中亮部与暗部细节。在后期处理时，我们可以很好地调整照片曝光不足的问题，同时也可以让照片的亮部区域细节不会丢失。

在高对比度环境中拍摄时，可稍微降低曝光补偿，确保画面亮部细节不会丢失。然后在后期调整中，恢复暗部细节，以获得亮部和暗部都清晰的照片

1.11 | 直方图的取读与理解

在摄影中，直方图的横坐标表示亮部分布，左边暗，右边亮，纵坐标表示像素分布。直方图可以揭示出照片中每一亮度级别下像素的数量，根据用这些数值所绘制出的图像形态，可以初步判断照片的曝光情况。

现在大多数数码单反相机都有直方图显示功能，我们在拍摄时可以通过观察直方图的形状和分布，来判断所拍摄照片的曝光准确度。在后期处理过程中，直方图也可以帮助我们更好地修片。

另外，直方图除了可以表现一幅照片的明暗关系外，还可以分别展现一张照片中红、绿、蓝三色的直方图关系。

 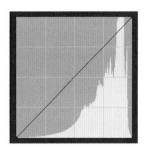

仔细观察整张照片，会发现照片整体上有很多亮部区域，这在直方图中体现为右侧的亮部区域像素数量明显较多，而左侧的暗部区域像素数量很少

 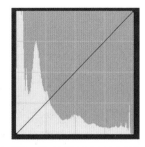

仔细观察整张照片，可以注意到照片偏暗，且暗部区域较多，这在直方图中表现为左侧的暗部区域的像素数量较多，而右侧的亮部区域像素数量较少

 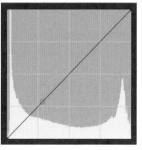

浏览整张照片，我们会发现照片整体上的明暗对比并不显著，且分布相对均衡。在直方图中，我们可以观察到左侧的暗部区域与右侧的亮部区域的像素数量差异不太大

 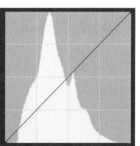

仔细观察整张照片，我们会发现照片整体的明暗对比并不明显，照片的亮部区域相对较少。在直方图上，这种情况体现为右侧的亮部区域像素数量相对较少

通过直方图，我们可以有效地分析照片中亮部和暗部的分布情况，从而更容易地实现准确的曝光，获得优质的照片效果

1.12 | 复杂光线环境下使用包围曝光拍摄

　　包围曝光是指在特定设置下连续拍摄三张曝光值不同的照片，以获得在光线复杂环境或拍摄时间紧迫时仍然满意的曝光效果。通过这三张不同曝光值的照片，借助后期的HDR功能合成，可以获得一张保留暗部和高光细节的照片。

　　现代数码单反相机普遍具有包围曝光功能。在分级曝光拍摄中，我们可以根据需要设置不同的曝光级差，例如1/3、2/3、1或2级。在使用自动包围曝光拍摄时要确保相机稳定，避免因相机晃动而导致曝光场景变化。利用这样的方法，在复杂光线条件下也能够有效地捕捉更多细节。

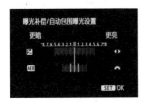 佳能相机包围曝光设置菜单

 尼康相机包围曝光设置菜单

-1EV　　　　　　　　0EV　　　　　　　　+1EV

　　观察包围曝光设置菜单，我们会发现，包围曝光是在曝光补偿标记点的基础上，向左右两边等距离添加了两个额外的小标记点。在实际拍摄中，启用包围曝光功能后，相机会以这三个标记点为参考，拍摄三张曝光补偿相差等距的照片。

　　在光线复杂的环境下，通过包围曝光，我们能够迅速拍摄出一组亮度递变的照片，从而节省时间，并且极大地减少了无法确定准确曝光的困扰。

1.13 | 多重曝光的有趣应用

　　多重曝光这一概念起源于胶片时代，简单来说就是在一张底片上进行多次曝光，通常称两次曝光为二次曝光。

　　现代的数码单反相机多数仍保留了这一功能，多重曝光可以为照片增加趣味性，并拓展创作空间。然而，在使用多重曝光进行拍摄时，一方面需要具备创意，另一方面还需要精确控制照片的曝光量和构图。否则，多次曝光可能导致照片过度曝光或混乱，从而失去价值。

佳能相机多重曝光菜单

尼康相机多重曝光菜单

场景一

场景二

启用相机的多重曝光功能，分别对两个不同的场景进行曝光，相机会自动将这两张照片叠加在一起，从而形成独特有趣的多重曝光效果

CHAPTER 02

第 2 章

摄影用光之测光

在使用数码单反相机拍摄时，为了确保照片曝光准确，我们需要对环境光照条件进行检测。目前，市面上的数码单反相机都提供多种测光模式，这样我们可以根据需要选择适合不同拍摄场景的测光模式。

本章将介绍与测光有关的基础知识。

2.1 | 测光的定义与作用

　　测光是对拍摄场景中的光线条件进行检测，为后续的曝光设置做准备。通过测光过程，我们可以更迅速、精准地确定曝光参数，从而获得曝光准确的照片。

　　当前的数码单反相机都搭载了强大的测光器件，对于初学者而言，熟悉相机的测光功能可轻松帮助他们应对各种拍摄场景。

在光线较为复杂的环境中拍摄时，我们可以在相机测光模式给出的参考曝光参数基础上，依据曝光三要素之间的关系，对曝光参数进行适当调节，从而让照片曝光更符合我们的要求

2.2 | 常见的测光模式及设置方法

数码单反相机普遍配备了多种测光模式。然而，不同相机品牌的命名方式存在差异，因此我们将分别介绍佳能和尼康这两个品牌相机的测光模式。

■ 佳能相机中常见的测光模式与设置方法

佳能相机提供了4种常见的测光模式，分别是评价测光、中央重点平均测光、点测光和局部测光模式。拍摄者可以根据实际需求选择合适的测光模式拍摄。

 评价测光模式

 中央重点平均测光模式

 点测光模式

 局部测光模式

■ 佳能相机中常见测光模式与设置方法

在有机身顶部设置按钮的佳能相机上，按下机身顶部测光模式设置按钮，转动主拨盘，可以完成对测光模式的设置

对于没有机身顶部设置按钮的佳能相机，在液晶显示屏显示拍摄参数的情况下，可按下机身上的【Q】键，然后设置测光模式

尼康相机中常见的测光模式与设置方法

　　尼康相机提供了3种常见的测光模式，分别是点测光、矩阵测光和中央重点测光模式。拍摄者可以根据实际需求选择合适的测光模式进行拍摄操作。

点测光模式　　　　　　　　　矩阵测光模式　　　　　　　　中央重点测光模式

尼康相机中常见测光模式与设置方法

对于机身有测光模式转盘的尼康相机，可以直接拨动测光模式拨杆，进行设置

对于机身上有测光模式按钮的尼康机型，按住机身测光模式按钮，转动主指令拨盘，可以对测光模式进行选择

2.3 | 点测光的概念与应用

　　点测光是一种针对取景范围很小的区域进行测光的模式。在具体操作中，点测光模式会对画面中央占据约5%左右的区域进行测光，而并非只对一个点进行测光。点测光模式

的特点是测光精准度高，不会受到测光区域以外物体亮度的影响。

在当前常见的测光模式中，点测光被视为最精确的测光模式，因此许多专业摄影师经常使用它。然而，需要注意的是，点测光的精准度较高，选择错误的测光位置可能导致整张照片的曝光不足或曝光过度。这也意味着点测光模式是众多测光模式中最难驾驭的一种。因此，在实际拍摄时，如果选择点测光模式，拍摄者需要精确选择好测光点。

在拍摄直接受光照的花卉时，使用点测光模式可以准确测量花卉主体的光照情况。确保花卉主体的曝光准且细节清晰。同时，由于背景曝光不足，背景会变暗，从而简化了背景，使画面更简洁

点测光常在以下几种情况下使用：

（1）在进行微距花卉和静物摄影时，需要对拍摄对象进行准确曝光，此时可以使用点测光模式；

（2）当拍摄场景中背景亮度与拍摄对象亮度存在较大的光比和反差时，常常使用点测光模式；

（3）在人像和风景摄影中，为了突出某一局部细节并展现其层次和质感，经常使用点测光模式；

（4）当拍摄对象在画面中占据较小位置且需要准确曝光时，可以选择使用点测光模式。

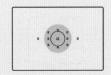

佳能相机中点测光图标

尼康相机中点测光图标

点测光模式对取景器中占5%左右的区域进行测光

2.4 | 中央重点平均测光的原理与使用

中央重点平均测光是佳能相机中的测光模式的叫法，而尼康相机中则其被称为中央重点测光。该测光模式主要关注取景器中央的区域，并平均应用到整个场景中。使用中央重点平均测光模式时，最好将拍摄对象置于画面中央位置，但并不完全受测光模式的限制。如果出现曝光不准确的情况，可以通过曝光补偿进行调整。

需要注意的是，这种测光模式存在一些缺点，例如精度不够高且容易受到周围环境亮度的影响。当拍摄对象不在画面中心时，可能会导致主体曝光偏差的问题。

在室内拍摄人物位于画面中央的人像照片时，使用中央重点平均测光模式，可以得到主体人物曝光准确的画面效果

■ **中央重点平均测光常在以下几种情况使用：**

（1）适用于以中心构图为主要构图方式的照片拍摄；

（2）对于人物居中的人像作品，中央重点测光非常适用，尤其适合室内人像摄影。室内空间通常较小，构图方式往往将人物置于画面的中心位置。因此，采用中央重点平均测光模式可以准确地测量主体人物的光照情况。

佳能相机中央重点平均测光图标

尼康相机中央重点测光图标

中央重点平均测光模式对取景器中央较大区域进行测光

2.5 | 评价测光的特点与适用场景

评价测光是佳能相机中的测光模式的叫法，而尼康相机中则其被称为矩阵测光。该测光模式的原理是将取景画面分割成多个测光区域，对每个区域独立进行测光，然后根据加权计算整体的曝光值。

通过使用评价测光模式进行拍摄，可以实现画面整体曝光的均衡。这种测光模式具有曝光误差小和智能快捷的优点。即使对曝光技巧尚不熟悉的初学者也可以利用该测光模式拍摄出曝光较为准确的照片。

■ 评价测光常在以下几种情况使用：

（1）非常适合用于在顶光或者顺光时的拍摄；

（2）拍摄大场景的人像和风光；

（3）抓拍生活中的照片。

佳能相机评价测光图标　　尼康相机矩阵测光图标　　评价测光模式对取景器中整体区域进行测光

拍摄大场景风光作品时，使用评价测光，相机会均衡考虑画面整体的光照情况，从而让整个场景都能正常曝光

2.6 | 局部测光的使用方法与技巧

　　局部测光是针对取景画面的局部区域进行测光的模式。使用局部测光，拍摄者可以有针对性地测量场景中特定位置的光照情况。该模式的测光区域较小，非常适合拍摄在画面中占比较小的对象。通过局部测光，可以确保该区域的曝光准确，细节清晰。这种测光方式为拍摄者提供了更精准的曝光控制，尤其适用于需要突出特定局部细节的拍摄。

　　总的来说，局部测光是一种实用的测光模式，通过选择合适的区域进行测光，能够提升拍摄对象的曝光准确性和照片的质量。

■ **局部测光常在以下几种情况使用：**

　　（1）环境光线复杂多变；

　　（2）在特定条件下需要精确测光；

　　（3）强调取景画面中所占比例较小的特定景物时。

佳能相机局部测光图标

当主体占据画面中较小的面积时，可以选择局部测光模式进行拍摄，以确保画面中主体区域的曝光准确，并展现主体的细节

在室内拍摄人像时，也可以采用局部测光模式，对较为明亮的人像主体进行测光。这样可以确保主体细节得到更好的表现

2.7 | 曝光锁定的操作与应用

曝光锁定是一种方便的曝光组合方式，特别适用于复杂混乱的光照环境。在拍摄时，我们可以根据自己的意愿对所需拍摄的主体进行测光，获取正确的拍摄对象的曝光数据。然后，我们可以重新构图，根据这些测得的曝光数据来获得我们期望的曝光结果。例如，当使用点测光模式拍摄灯笼时，我们可以对需要正确曝光的灯笼进行点测光，半按下快门按钮确定曝光和对焦，然后同时按下相机上的曝光锁定键，通常是标有"*"或"AEL"的按钮。此时取景框里会出现一个"*"，表示当前测得的曝光组合已经锁定。然后重新构图并拍摄，相机之前设定好的曝光参数将保持不变。

不同的测光模式下，曝光锁定的作用也有所不同。在使用评价测光时，自动曝光锁会锁定取景器中整体的曝光值；而在使用点测光、局部测光、中央重点平均测光时，自动曝光锁会锁定各自测光模式所测区域的曝光值。

1. 使用点测光模式对台灯进行测光，可以有效展现灯罩的细节

2. 进行点测光后，重新构图时，测光点会从台灯上移开，并转移到画面中央位置进行测光，这可能导致台灯灯罩曝光过度

3. 利用点测光模式，结合曝光锁定功能，首先对灯罩进行测光，然后按下【*】曝光锁定按钮。接下来，移动相机完成二次构图，相机将持续采用先前测得的曝光结构进行曝光，确保台灯灯罩的曝光准确

2.8 ｜ 选择最佳测光区域

　　最佳测光区域指的是在拍摄时选择一个特定的区域进行测光，并根据该区域提供的测光参数进行拍摄。这样可以确保照片中的亮部和暗部细节都能得到充分展现，避免明显的细节丢失。

　　在实际拍摄中，快速选择适合的最佳测光区域对于成功完成拍摄任务非常重要。当场景中存在明暗差异较大的情况时，为了展现出暗部和亮部的细节，我们会选择光线适中的区域进行测光。另外，如果希望突出主体的细节，可以对主体进行测光，以获得更准确的细节捕捉。而如果想要营造主体的剪影效果，可以选择背景的亮部区域进行测光，这样可以使主体变暗，更好地突出其轮廓。

在拍摄剪影作品时，可以选取背景中较亮的区域进行测光，这样建筑物就会因为严重曝光不足而形成剪影效果

在拍摄宠物猫时，可以进行测光操作，以确保宠物猫的细节能够更好地展现出来，并增强动物毛发的质感。此外，合适的光线和角度也能够突出宠物猫的毛发质感，让照片更加生动

CHAPTER
03

第3章

摄影用光之光线应用

　　在实际拍摄中，光线是不可忽视的重要因素。如果缺乏对光线的了解和运用，就像高楼没有坚实的地基一样，摄影就会变得毫无根基。即使我们再努力提升自己的摄影技巧，如果缺乏对光线的掌握，也很难取得显著的进步。

　　本章将介绍与光线相关的知识，帮助读者更好地理解和应用光线。

3.1 | 光线的特性与分类

光线，简而言之，是指我们在日常生活中所接触到的光，包括自然光、室内灯光、影棚灯光等。现在，让我们一起了解一些与摄影中光线相关的常用术语。

光源

光线可以根据其产生的来源分为两种类型：自然光和人造光。自然光，光源来自太阳，在白天拍摄时，主要依靠自然光作为室外的主要光源。在实际拍摄中，我们无法改变自然光源，只能根据环境的光线条件，如光线的强度和角度等，进行拍摄。

而人造光则是人为创造的光源，例如室内灯光和影棚内的灯光等。借助人造光源进行拍摄，我们可以对光源进行调节和控制。这意味着我们可以根据需要调整灯光的亮度、方向等参数来实现所需的照明效果。

在拍摄户外风光作品时，我们无法主动改变光线，但可以根据太阳在一天中的位置变化来调整光的角度和强弱。随着太阳的运动，光线的角度和强度会发生变化，这会影响照片的呈现效果。我们可以利用这个特点来选择最佳的拍摄时间和角度，以突出景色的细节和氛围。通过观察太阳的位置和光线的投射方式，我们可以调整拍摄的角度和构图，以获得最理想的光线效果，这样可以在户外拍摄中创造出多样而独特的风光作品

光的软硬

　　根据光线的塑形程度，我们将其分为硬光和柔光两种类型。

　　硬光指的是能够产生明显阴影效果的光线，具有强烈的方向性。通过观察物体上的光照情况，我们可以轻易判断出光线的投射方向。这种硬光环境在日常生活中很常见，例如正午太阳的直射光和闪光灯直接照射的光线。硬光能够产生明显的明暗对比，使主体呈现出更立体的效果。

在影棚中拍摄人像作品时，利用硬光创造面部明暗对比，赋予画面力量感。硬光产生明显阴影效果，有强烈的方向性，可突出人物面部轮廓和细节

　　相反，柔光具有与硬光截然不同的性质。它的方向性较弱，给人一种从四面八方照射的感觉，使主体没有明显的阴影或者产生浅淡的阴影。阴天时的散射光以及柔光灯、柔光箱所产生的光线都属于柔光。利用柔光拍摄的画面过渡区域较为平缓，呈现出细腻、柔的效果。

在柔和的室内光线下，女孩的皮肤呈现出细腻的质感

光线强度

　　光线强度指的是光线照射在物体上所展现出的亮度，也可以称为照度，它是曝光控制的重要依据。在日常生活中，我们会观察到清晨、傍晚和中午的光线强度各不相同。清晨和傍晚的光线强度较弱，而中午的光线强度较强。这也是在不同时间拍摄的画面效果会有所差异的原因。

　　在影棚拍摄时，我们可以通过调节灯光的强度来控制曝光情况。现场拍摄时，当光线强度较高时，主体会显得更加明亮。在这种情况下，我们需要合理设置曝光参数，以确保主体的细节、纹理和形态得到充分展现。

　　而在光线较弱的情况下，我们可以拍摄出低调的效果，创造出特殊的氛围。需要注意的是，微弱的光线会影响相机的快门速度，因此在弱光环境中拍摄时，我们应保持相机的稳定，以确保画面的清晰度。

在大雾天气下拍摄风景作品时，现场的光线相对较弱，导致照片整体曝光较弱。这样的画面给人一种低调而沉静的感觉

正午时分拍摄时，光线较强，照片整体更明亮

光的聚散

　　根据光线的聚散角度来划分，我们可以将光线分为直射光和散射光。这与拍摄时的天气条件有关。在晴朗无云的天气中，光线直接沿直线照射主体，并在画面中产生清晰的阴影区域，我们称之为直射光。当我们想要通过明暗对比展现主体的立体感时，可以利用直射光效果来呈现。

　　而在多云或阴霾的天气中，阳光经过云层，形成了散射光，失去了明确的方向性。这种光线不会产生鲜明的阴影效果，主体的光照均匀，如果我们想要展现主体更多的细节特征，可以在散射光的环境下进行拍摄。

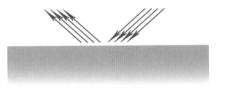

直射光示意图　　　　　　　　　　　散射光示意图

在晴朗天气下，拍摄山脉景色时，直射光会带来明显的光影变化。山脉的轮廓更加清晰，照片呈现出强烈的空间感。这种光影效果增添了深度和立体感，给观者带来强烈的视觉冲击

光线的方向

根据光线的照射方向，我们可以将光线分为顺光、侧光、逆光、顶光和底光等。在直射光环境中，光线的方向很明显，我们可以轻易判断出光源的位置和光线的方向。在拍摄时，只需找到主光源即可辨别。而在散射或柔光环境中，光线的方向性较弱，从不同角度拍摄的光线效果相似，因此在这样的环境中，我们无须过多考虑光线的方向。

顺光示意图

顺侧光示意图

侧光示意图

侧逆光示意图

逆光示意图

顶光示意图

3.2 | 利用顺光实现均匀光照效果

当光线和相机的拍摄方向一致时，我们称之为顺光。顺光照射的范围广泛，可以照亮主体面向镜头的一面，使得主体的色彩和形态细节能够得到良好的展现。然而，顺光不会产生明显的阴影效果，导致画面缺乏层次感和立体感，显得有些平淡。

为了避免顺光的平淡效果，我们可以在画面的色彩和构图上下功夫。例如，选择色彩鲜艳的景物作为画面的主体，利用主体鲜艳的色彩吸引观者的注意；或者选择色彩对比较大的画面，通过色彩对比增强画面的呈现效果；还可以添加一些前景元素，增加画面的空间感，使画面显得不平淡。

选择顺光角度拍摄花卉，花卉受光充足，画面亮丽，但缺乏层次

3.3 | 90° 侧光的应用与效果

光线与拍摄方向之间夹角为90°的光线被称为90°侧光，也称为正侧光。使用90°侧光拍摄的照片具有强烈的明暗对比，呈现出明显的立体感。在使用90°侧光拍摄时，需要注意以下几点。

（1）通常情况下，我们不会使用90°侧光，因为它会产生极强的明暗对比。然而，在拍摄特殊题材时，可以利用90°侧光获得具有视觉冲击力的照片效果。例如，使用90°侧光拍摄男性肖像可以突出男性的坚毅形象。

（2）在使用90°侧光进行拍摄时，可以使用反光板、闪光灯等来给主体进行补光。这样可以适当缩小画面的明暗对比，使照片更加和谐，同时保持立体感。

通过合理运用90°侧光的技巧，可以创造出独特的照片效果，突出主体形象，并增强照片的表现力。

使用90°侧光拍摄人像，可以产生强烈的光影效果，使照片中的光影更加突出。光影的表现给人像作品带来了独特的个性和特色

利用90°侧光拍摄沙丘，能够让画面呈现明显的光影效果。照片中的明暗对比使得沙丘明暗面之间线条更加突出，增强了画面的立体感

3.4 | 45° 侧光的使用技巧与优势

当光线投射方向与拍摄方向成45°夹角时，我们称之为45°侧光。这种侧光与早晨9点或下午3点的自然光角度非常相似，因此拍摄出的照片往往给人一种自然的感觉。45°侧光也能够产生明显的明暗对比，使景物和人物具有丰富的影调，立体感更强，是摄影师最常使用的光线之一，能够为照片带来独特的视觉效果。

在拍摄人像作品时，使用45°侧光对主体进行补光，会让画面产生明显的光影效果，增强了拍摄主体的立体感

3.5 | 侧逆光的利用与轮廓光效果

当光线投射方向与相机之间的夹角大于120°且小于150°时，我们称之为侧逆光。选择这种角度进行拍摄会呈现以下效果。

（1）在拍摄人像时，侧逆光会使人物的影子出现在人物的侧前方，正面则会较暗且失去一些细节。因此，侧逆光常被用作修饰光，以突出人物的轮廓。

（2）对一些材质较薄的物体进行拍摄，侧逆光会产生独特的半透明效果。例如，拍摄花瓣薄薄的花朵或拥有半透明翅膀的蜻蜓等。

（3）当拍摄动物的毛发时，选择侧逆光角度拍摄可以在毛发形成明亮的轮廓光，让照片更加精彩。

侧逆光角度能够带来独特的视觉效果，使照片呈现出有趣的光影变化，适用于不同类型的拍摄场景。

在秋季拍摄红叶时，我们可以尝试选择侧逆光角度，以获得一种特殊的效果

选择侧逆光角度拍摄猫咪，可以让猫咪身上的毛发呈现出一种金黄通透的特殊效果

3.6 | 逆光拍摄中的艺术创作与应用

　　逆光是指光线投射方向和拍摄方向完全相反的情况。逆光产生的影子会出现在景物或人物的正前方，使得景物或人物在照片中显得较暗。然而，选择逆光角度进行拍摄也可以创造出独特的艺术效果。以下是选择逆光拍摄的几种常见情况。

　　（1）逆光拍摄透明的玻璃杯或花朵时，照片能呈现出唯美的效果。

　　（2）逆光条件下，由于景物被背景明亮的光线所映衬，景物呈现出剪影效果，给照片增添了艺术感。

　　（3）在逆光环境下拍摄，照片中的光照效果十分明显，常常能够营造出温暖和浪漫的氛围。

　　逆光拍摄提供了独特的光影效果和艺术表现，可以创造出令人印象深刻的照片。

选择逆光角度进行拍摄，并对背景亮部区域进行测光，可以使前景中的景物形成明显的剪影效果

3.7 | 利用环境中反光性强的物体对主体进行补光

在拍摄人像时，如果人物面部过暗，可以利用反射光为其提供补光。这可以通过反光板或周围一些具有良好反射性的物体实现，如玻璃墙面、沙滩、雪地或平静的水面等。在利用反射光进行拍摄时，需要注意以下几点。

（1）控制反射光强度。目标是减淡人物面部阴影，创造柔和的明暗过渡，增强照片的透明感。因此，在拍摄时，反射光不应过于强烈，以免照片曝光过度，丢失细节。

（2）灵活运用曝光补偿。借助反光物体进行拍摄时，由于反射光的影响，测光数据可能会有偏差。为确保曝光准确，可根据实际情况适当调整曝光补偿。

（3）注意反光物体的颜色。避免选择过于鲜艳的反光物体，以免其颜色对主体造成干扰。选择相对中性的反光物体可以避免色彩偏差。

在室内逆光角度拍摄时，可以使用白色反光板进行补光，使人像的背光一面更加明亮和清晰

CHAPTER

04

第 4 章

自然光下的摄影技巧

对于初学者来说，最常接触的是自然光环境下的拍摄，例如户外人像摄影、风光摄影、室外动物摄影等。只要善于利用光线，自然光下同样可以拍摄出我们想要的光影效果。

本章将介绍自然光环境下的拍摄技巧，以及不同天气情况下的拍摄要点。

4.1 | 常用于自然光摄影的摄影附件

在室外自然光下拍摄时，由于光源是太阳，我们很难改变光源的性质。然而，我们可以借助一些摄影附件来辅助拍摄，从而获得想要的画面效果。下面介绍几个比较常见的摄影附件。

■ 滤镜

滤镜是在自然光下拍摄时使用最多的附件。常见的滤镜包括偏振镜和减光镜等。偏振镜（也叫偏光镜或PL镜）是一种滤色镜，其作用是有选择地让特定方向振动的光线通过，从而消除或减弱非金属表面的强反光。在景物和风光摄影中，偏振镜常用于加深天空的色彩和突出画面中的色彩浓度。

减光镜（也叫中灰密度镜或中性灰度镜）的主要作用是减少进入相机的光线。在光线较充足的情况下，通过使用减光镜可以达到减慢快门速度的目的。例如在晴朗天气下拍摄瀑布时，使用减光镜可以拍出如丝如雾的效果。

减光镜

偏振镜

在拍摄瀑布时，当光线充足且采用慢速快门时，可使用减光镜避免照片曝光过度

▌三脚架

三脚架是摄影中常用的支架，通常由脚架和云台两部分组成。脚架负责支撑，云台负责连接相机并调整拍摄角度。云台通常与脚架一起销售，也可以单独选择不同类型的云台。

三脚架有多种材质可选，目前市面上流行的是碳纤维和合金材质的三脚架。碳纤维材质的三脚架十分轻巧，而合金材质的三脚架则更稳定。此外，三脚架的伸缩节数也会影响其稳定性，伸缩节数越少，稳定性越高，反之则越差。目前常见的三脚架伸缩节数通常为三节。使用三脚架有助于提升拍摄质量，其在较长曝光时间或需要稳定构图的情况下尤为重要。

三脚架　　　　　　　　　　　　　云台

在自然光下拍摄，当使用较慢快门速度时，我们会借助快门线或遥控器进行拍摄，避免手按下相机快门按钮时造成的相机晃动，让拍出的照片更清晰、锐利。同时，在使用相机B门模式拍摄时，利用快门线上的锁定功能，能够完成长时间曝光，达到特定的摄影效果。

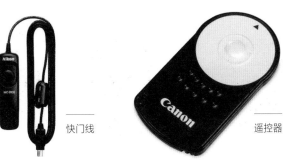

快门线　　　　　　　　　　　　　遥控器

反光板

在自然光下拍摄人像、动物、静物等主体时，常会用到反光板。反光板主要用来反射自然光，特别是在人物面部出现阴影时，通过反光板对其进行补光，可让照片的整体曝光更准确。

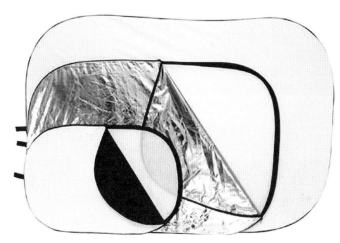

反光板

遮光罩

遮光罩是一种安装在镜头上，用于遮挡光线，提高成像清晰度和色彩还原效果的设备。常见的遮光罩有圆筒形和花瓣形两类，圆筒形主要用于中长焦镜头，花瓣型适用于广角镜头。

需要注意的是，不同镜头的遮光罩不能混用。将标准镜头的圆筒形遮光罩放在广角镜头上，会导致画面四周出现黑影区域。花瓣型遮光罩的设计能够"让开"画面四角的光线，在不遮挡画面四角的前提下提供更好的遮挡杂光的作用，这使得它用在广角镜头上的表现更优越。

花瓣形遮光罩

圆筒形遮光罩

将遮光罩安装在镜头上的效果

4.2 | 在清晨或傍晚拍摄绚丽的景色

　　由于太阳光在清晨或傍晚的照射角度较低，因此带来了柔和而温暖的光照效果，可给画面增添柔美的氛围。

　　清晨时，空气干净湿润，使得画面呈现出通透的效果，因此通常在此时选择拍摄风光和花卉等题材。傍晚时，晚霞绚丽多彩，拍摄出的画面色彩更丰富。光线在这时也非常柔和，太阳落山后，我们常常选择较慢的快门速度来保证准确曝光。傍晚是拍摄日落和城市景观等场景的理想时间。

　　在拍摄过程中，为确保画面清晰，我们需要准备好三脚架来固定相机，并使用快门线控制快门。如果相机镜头上装有UV镜（紫外线镜），最好在拍摄时取下，以保证光线充足和画面清晰。

在清晨拍摄时，由于空气通透度较高，场景中光线整体柔和。巧妙选择合适的拍摄角度，还可以捕捉到太阳的星芒效果，为照片增添一份独特的魅力

傍晚时，当太阳落山后，拍摄山间的建筑，地面灯光与逐渐变暗的天空形成了冷暖色调的对比。这种色调的对比为画面营造出迷人的氛围

4.3 | 正午顶光下的拍摄技巧

中午的太阳位于我们头顶上方，光线直接向下照射在物体上，使主体的顶部受到光照，而其他地方则处于阴影区域，容易让画面中出现明暗交替的效果。如果要追求柔美效果，就要避免在中午时分拍摄。

但是在表现一些景物自身棱角的场景中，可以选择中午拍摄，比如拍摄山峦、湖面、花海等可以突出顶部色彩细节的画面。此外，如果想要在中午拍摄人像，可以让人物摆抬头的姿势，以减少脸上的影子，达到更好的效果。

在正午时分拍摄山脉，太阳光直射在山脉上，使其棱角分明，画面呈现出强烈的力量感

在正午时分直射光下拍摄人像，利用全景拍摄人物跳跃的姿势，这样可以削弱人物面部的阴影

4.4 | 在雪天拍摄的技巧

　　雪天也是拍摄的好时机。白茫茫的雪景遮盖住环境中的杂乱景物，使画面显得洁白、干净。雪天拍摄需要注意以下几点。

　　（1）雪天拍摄时要注意保护相机，特别是室内室外温差大时。温差过大可能会导致镜头出现雾气。在温度变化较大的情况下，要先将相机放在相机包中逐渐降温或升温，然后再拍摄。

　　（2）雪天拍摄时可以适当增加曝光补偿，使雪景更显洁白明亮。

　　（3）可以选择不同方向的光线拍摄，顺光拍摄突出雪景的洁白纯净，侧逆光拍摄会增强雪花的质感。

　　（4）在拍摄雪景时，注意捕捉环境中的光影之美，尝试结合影子拍摄，让画面更丰富多彩。

选择侧逆光角度拍摄雪景，雪地上的雪呈现出晶莹亮光，雪景颗粒感增强，照片质感更佳

适当增加曝光补偿，可以让雪显得更白

在雪地里取景时，要善于发现场景中出现的光影效果，结合影子一起拍摄，让画面更丰富

4.5 | 在阴雨天拍摄的技巧

在阴雨天拍摄时，可使用以下几个技巧。

（1）做好防水工作。在拍摄时为拍摄者和器材准备雨具，如雨伞和雨衣，并为相机和镜头套上防水套，防止它们受潮。

（2）使用恰当的测光技巧。在阴雨天，雨水会产生反光，可以选择评价测光，对整个拍摄场景进行测光。由于环境光线较弱，为避免曝光不足，可适当提高感光度值。

（3）选择合适的辅助器材。阴雨天气下可以拍摄多种题材，需根据具体主体选择适合的辅助器材。例如，拍摄细小雨滴可使用微距镜头，拍摄闪电时需准备三脚架和快门线等器材。

（4）谨慎选择对焦模式。在阴雨天的弱光条件下，自动对焦可能不准确，因此在拍摄时应根据实际情况选择合适的对焦方式。

在阴雨天，路面的雨水反射光线，可能造成局部曝光过度或曝光不足的情况。评价测光模式能够综合考虑整个画面的亮暗情况

4.6 | 在大雾天拍摄的技巧

在大雾天，拍出的画面中亮部区域往往呈现明显的白茫茫效果，暗部区域也会出现较为明显的阴影。要避免出现这类问题，需要注意以下几点。

（1）要选择合适的测光点，确保画面整体曝光准确，避免出现曝光过度或者暗影过度的情况。

（2）由于大雾的影响，许多景物被雾气遮盖，所以在取景时应选择一些独特且有趣味的主体进行拍摄。

（3）大雾天可能导致相机的自动对焦功能无法正常工作，因此，我们需要切换至手动对焦模式来拍摄。这样可以确保焦点准确，并获得清晰的画面。

在大雾天，树林间雾气朦胧，我们应当选择场景中光线适中的位置进行测光。这样做可以让拍出的画面明暗区域的表现较好，增添作品的整体意境

CHAPTER
05

第5章

人造光下的摄影技巧

　　与自然光相比，人造光具有更好的可控性。在拍摄过程中，我们可以根据具体需求随意调节光线的强弱、照射方向以及光线的软硬程度。因此，在拍摄商业产品、专业人像、儿童照片时，我们可以选择利用室内人造光进行拍摄。

　　本章将介绍人造光的一些基本知识，以及在不同人造光环境下的拍摄技巧。通过学习这些内容，读者可以更加灵活地运用人造光，创造出高质量且具有个性化风格的摄影作品。

5.1 | 人造光的种类

人造光是我们在拍摄时常常使用的光源。为了更好地了解和认识人造光，我们可以将其分为两类：一类是用于影棚拍摄的影棚灯具光源；另一类是日常生活中的照明光源，比如家庭照明灯、路灯等。

这两种不同的人造光会带来明显的拍摄效果的差异。在影棚拍摄中，我们注重展现主体细节和特点；而在其他室内场景中，我们更倾向于将周围环境融入照片，使照片更加真实。

在实际拍摄中，可以根据现场环境光源的状况，选择合适的拍摄方法，以展现出更精彩的画面效果。通过灵活运用不同的人造光源，我们能够拍出各具特色的摄影作品。

在影棚内拍摄静物时，光源的选择和光线角度的调整可以突出静物的纹理、细节和形状

在拍摄生日聚会等场景时，烛光作为主要光源，为画面带来了独特的氛围，照片的现场感更强

5.2 | 利用环境光进行拍摄的方法

环境光是指拍摄现场中已存在的光线，既可以是自然光，也可以是人造光。在这里，我们主要关注以人造光为主要光源的情况。值得注意的是，人造光环境并不仅限于室内灯光，还可以包括屋外的路灯、车灯等。

在拍摄时，首先要观察现场环境，了解光源类型、强度和光线方向，然后根据这些观察结果，选择合适的拍摄角度和拍摄技巧，包括选择拍摄或测光的方式，从而创造出我们想要的画面效果。

小巷中，路灯散发出微弱的光芒，营造出一种寂静、古老的氛围，这种环境光的利用可以创造出充满情感和故事性的照片

5.3 | 提高感光度值，增加画面的临场感

　　在使用人造光如灯光进行拍摄时，有时候现场环境光线不足，为确保画面曝光准确，我们可能会借助闪光灯进行补光。然而，使用闪光灯补光虽然可以确保画面曝光准确，但也会削弱画面的现场感。

　　为了记录生活中的细节，我们常常希望照片呈现更强烈的现场感。因此，我们通常会采取适当提高感光度值的方法进行拍摄。这样一来，在确保画面曝光准确、场景细节得到更好表现的同时，还能增强照片的现场感，使其更加生动和真实。

在光线昏黄柔弱的场景中拍摄人像时，可以适当提高感光度值，从而确保照片曝光准确，同时保留现场的环境氛围

而在室外拍摄时，尤其是在放孔明灯等情况下，我们可以将灯火作为光源，然后适当提高感光度值。这样可以更清晰地表现现场的环境，同时增强照片的现场感

5.4 │ 影棚内的常用设备

在影棚内拍摄时，我们会使用一些专业的摄影设备，接下来介绍一些常用的影棚设备。

■ 影室灯

影室灯是影棚中常用的设备，通常由大功率的闪光灯和造型灯组成。闪光灯的灯口通常呈环形，中央有插入造型灯的接口，而造型灯常使用石英灯、白炽灯等。这些影室灯的功率可以进行调节，有的是无极调节，有的是分挡调节。在选购影室灯时，可以根据需要选择适合的类型。

在使用影室灯时，我们可以根据情况选择是否使用闪光灯。如果不使用闪光灯，可以单独使用造型灯作为主要的照明光源来拍摄。而在使用闪光灯时，造型灯则主要用于辅助布光和观察主体造型效果。有些造型灯会在闪光灯闪光时自动关闭，然后在闪光后再亮起，这样的设计是为了防止造型灯的色温对闪光灯产生干扰。但对于石英灯、白炽灯等以热发光的灯而言，这样的设计并没有太大意义。如果担心造型灯对色温产生干扰，可以在完成主体布光后，关闭造型灯电源再进行拍摄。

影室灯　　　　　　　　　　　　　　　　　　　反光罩

■ 反光罩

反光罩在灯具设备中扮演着重要角色，在使用灯具时，反光罩能够反射那些不能直接照射到主体上的光线，从而显著提高了灯具的光线利用率，增强了灯具的使用效率。

反光罩材料的反光率和光线衰减等因素直接影响反光罩的质量。此外，反光罩的形态也非常关键，它决定了光线的反射角度和处理能力。通过合理选择和使用反光罩，可以获得更加优质、高效的灯光效果。

柔光箱

柔光箱是影棚中常用的灯光设备，由反光布、柔光布、支架和卡口组成。柔光箱的形状多样，有八角、四角和圆形等，其中四角柔光箱最常见。

柔光箱内侧起到反射板的作用，能够将顶部光源转化为柔和的散射光。这种光线环境让拍摄对象显得更加柔美。在影室内拍摄人像或静物时，常用到柔光箱。它能有效减少阴影和硬光，使照片中的细节更加柔和、自然，让拍摄主体呈现出优雅、温和的效果。柔光箱是提升影像质量的重要工具，能够为照片增色不少。

柔光箱

反光伞

反光伞

反光伞是一种专业的反光工具，其出色的反光效果使其成为众多摄影师钟爱的设备。它可折叠，使用起来非常便捷。

反光伞有多种颜色可供选择，如白色、银色、金色、蓝色等，不同颜色的伞面反射出的光会产生不同的效果。其中，白色和银色反光伞最常用，因为它们不会改变拍摄对象的色温。金色反光伞会降低闪光灯的光线色温，需要摄影师进行控制。而蓝色反光伞则可以提高闪光灯的光线色温。

▊ 蜂巢罩

蜂巢罩是一种常用的灯光控制工具，因其外形类似于蜜蜂巢房而得名。蜂巢罩具有多种大小和厚度，因此有许多不同型号可供选择。使用蜂巢罩可以使光线更加集中，呈现出平行集束的效果。

在实际拍摄中，蜂巢罩常用于控制人物面部的硬光，可以局部调节背景亮度，以及勾画人物边缘轮廓光。它能够为摄影师提供更多的光线控制选择，从而达到更加精确和出色的拍摄效果。使用蜂巢罩时，只需将其插入或套入灯具中固定即可，十分方便实用。

蜂巢罩

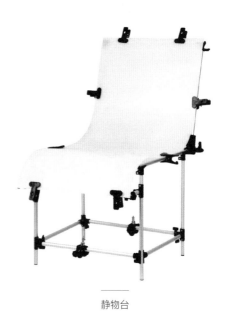

静物台

▊ 静物台

静物台是影棚中的一个重要设备，字面上可以理解为专门用来放置静物的平台。它主要用于拍摄小型静物，比如电商商品等，能够让画面显得简单、整洁，并有利于灯光的布置。

专业的静物台通常由标杆、塑胶板以及各种胶夹和万向旋转胶夹等组成，这样的设计使得我们可以方便地拆卸静物台、调整光线布局和更换拍摄背景，让拍摄过程更加便捷和高效。

■ 背景布/纸

　　在影棚内拍摄时，选择合适的背景对营造场景和呈现拍摄效果非常重要。通常，我们会使用背景布来为拍摄现场提供适合的背景。

　　背景布根据材料可以分为背景布与背景纸，按载体分类则有纯色背景和场景背景。

　　背景布有无纺布和植绒布两种类型。无纺布中间有空隙，不适合近距离拍摄；植绒布容易起褶，需要反复熨烫，并且价格较高。相比之下，背景纸表面平滑细腻、色彩饱满、吸光性好，且价格便宜，因此备受喜爱。

　　市面上的背景纸有多种类型，包括海绵纸、卡纸和大型的专业摄影净色背景纸。海绵纸适合拍摄较小的物品，规格一般为90cm×50cm，由EPE发泡软片构成，韧性强、无接口、不容易起褶，并且不怕脏，清洁方便，吸水性好。

　　卡纸分为淡色和渐变色，最常用的规格为110cm×79cm，适宜拍摄饰品、童装或半身的服装。卡纸颜色齐全，价格低廉，深受摄影爱好者喜爱。

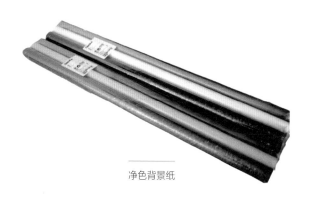

净色背景纸

　　净色背景纸尺寸较大、色彩清晰、吸光性能优秀，适用于广泛的主体拍摄。虽然价格较高，但其拍摄效果出色，仍受到许多专业摄影师的喜爱。

5.5 | 区分主光和辅光在影棚内的应用

　　在影棚内进行拍摄时，为了清晰展现照片的整体细节，我们通常会在现场布置多个光源，这就需要将场景中的光源区分为主光和辅光。

主光

　　主光是指场景中最主要的光源，其强度、位置和角度往往决定了照片的风格和影调。在布置光线时，我们需要根据想要表现的画面效果来选择合适的主光布置方法。例如，如果我们希望拍摄高调风格的作品，主光的光线强度通常较强，与拍摄对象的角度更小，这样均匀充足的光线可以使画面更加明亮。而如果我们想要拍摄具有立体感的人像作品，主光往往会设置在人物的斜侧面或正侧面，这样的光线角度可以让画面具有清晰的明暗对比，突出立体感和细节。

当我们希望照片具有更强的立体感时，可以将主光设置在模特的斜侧面

辅光

　　辅光在影像创作中有着重要的作用，它可以弥补主光可能留下的问题。辅光的任务是为画面中的阴影部分提供补充照明，使画面呈现更多的暗部细节。因此，辅光的光线强度通常较低，以产生明显的明暗对比效果，增强画面的立体感。

　　当只有主光存在时，人物面部的未被照亮的区域可能会出现明显的阴影。这时可以在人物侧面加入辅光，例如反光板。辅光可以照亮主光未能覆盖到的区域，使人物面部清晰明亮起来。这样的布光组合可以有效地提升照片的视觉效果，使人物形象更加立体、生动。

在没有辅助光的情况下，如果我们只使用主光来照射场景，人物面部的某些区域可能会被主光的阴影遮挡，形成明显的暗影。为了解决这个问题，可以在人物侧面摆放一块反光板，引入辅光。辅光照射到人物面部主光未能覆盖的区域，使人物面部在辅助光的照射下变得明亮而清晰

5.6 | 增加影棚拍摄照片的亮点

在影棚内拍摄时，巧妙地运用布光技巧会让画面焕然一新。

▌背景光

　　背景光是影棚拍摄的一个关键光线，它能有效地将主体与背景区分开来，使主体更加显眼。要注意，在深色背景下使用背景光的效果好，而在浅色背景上要避免使用背景光，以免背景过亮。

　　布置背景光也有技巧，正对背景的光源会在主体背后形成一个中心向四周扩散的圆形光晕效果。而将背景光源设置成与背景有一定的角度，会呈现出有一定角度的光晕渐变效果。这样的布光处理让画面更具层次感，可增添视觉吸引力。

通过巧妙地调整背景光的强度、角度和位置，可以达到理想的拍摄效果，让静物主体在画面中脱颖而出，同时增强整张照片的立体感和层次感

发光

　　发光是通过光源照射，使人物头发呈现出明亮、通透且具有层次感的特殊效果。通常，顶光、逆光或侧逆光是用来创造发光效果的最佳光线选择。在使用逆光或侧逆光进行发光拍摄时，我们需要注意为模特阴影面进行适当的补光，以免在模特身体上形成过于明显的阴影区域，从而减少画面细节的损失。

　　顶光也能为拍摄添加发光效果。顶光将主光源安排在较高的位置，从上方向下照射，类似于模拟太阳光线的效果。这样的光线能够使人物头发呈现出清晰明亮的效果，从而营造出发光的效果。

在室内摄影棚拍摄人像时，可以利用侧逆光作为主光或辅光，为人物创造发光效果。同时，还要对没有被光线直接照射到的暗部进行补光，以防止面部细节丢失

第 6 章

风景题材实拍训练

在拍摄自然风光时，通常都在自然光的环境下。我们可以利用自然光中的拍摄技巧，创造出精美的风光摄影作品。本章将结合具体场景来探讨一些风光摄影的用光技巧。

6.1 | 拍摄风光摄影的最佳时间

自然光在一天中不断变化，导致不同时段拍摄的画面效果各不相同。因此，在实际拍摄中，我们会根据想要表达的画面效果，选择最佳拍摄时间。

通常，我们选择在太阳初升的时候拍摄风光作品。在这个时刻，环境中的光线非常柔和、朝阳渲染下，天空色彩绚丽斑斓。经过一晚的水汽沉淀，空气通透度也很高。因此，选择这个时间拍摄的照片效果非常出色。

与日出时相对应的另一个绝佳时机便是日落时。我们同样可以选择在日落时进行拍摄。在这个时刻，太阳位置很低，缓缓降落于地平线，光线柔和又温和。低角度的太阳光会产生较长的阴影，为画面增添氛围。太阳光的色温降低，呈现出暖色调效果，即黄昏时的金黄色。这种色调会渲染整个画面，给人一种温暖的感觉，为画面增色不少。

太阳刚升起时，绚丽朝霞会给画面增色不少

一些特殊天气也是拍摄风光作品的绝佳时机，比如雨过天晴的时候。

受风力和人为因素的影响，空气中会有许多微小的尘埃颗粒，这些颗粒会聚集在空气中，影响空气的透明度，使得拍摄的画面显得朦朦胧胧，不够透彻。而雨过天晴后，天空就像被雨水洗过一样，变得湿润、干净、透彻。在这种时刻拍摄风光照片，画面中的色彩会更加饱满，而场景中的花草树木等绿植则显得更加生机勃勃。

雨天之后，常常会出现彩虹这一自然奇观，这也是非常吸引人的拍摄题材。所以，如果你热爱摄影，并刚好经历了一场雨水，那么你完全有理由拿起相机，走进大自然，创作属于自己的作品。

雨后，空气通透，自然景观在雨水的洗涤下，焕然一新，选择这时候拍摄，山景作品更加清新

6.2 | 如何准确测光进行风光摄影

在拍摄风光作品时，通常面对较大的场景，需要注意整个场景的光照情况以及准确测光，这是风光摄影需要着重考虑的问题。

在光线充足且均匀的场景中，我们可以选择相机自身的评价测光模式，对整个场景进行测光，以获得准确的曝光。

但在光线变化明显、光照反差大的场景中，我们需要采用更灵活的测光方式。可以对环境中光线适中的区域测光，以保留更多细节；或者对亮部区域测光，将画面压暗，营造明暗对比的视觉效果。

在日出和日落时拍摄，不同的测光点会导致不同的曝光结果。如果想突出地面景物，我们应该寻找一个亮度适中的地方进行测光，并利用相机的曝光锁定功能锁定曝光值，然后重新取景拍摄。这样既能保留拍摄景物的大部分细节，又能避免天空过度曝光而失真。

在光线均匀的中午拍摄风光时，使用相机的评价测光模式是一个明智的选择。评价测光模式可以对整个拍摄场景进行测光，从而获得整体明暗均衡的画面

6.3 | 解决照片眩光问题的方法

在逆光环境下拍摄时，有时画面中会出现眩光，即奇怪的亮点、光斑或明显的光环。这会直接影响风光作品的整体美感。为避免眩光，我们可以采取以下方法。

（1）使用与镜头适配的遮光罩可以有效避免眩光。如果没有遮光罩，可以将手放在镜头受光的一侧来遮挡光线。

（2）尽量避免相机直接对着强烈的太阳光，可以大幅减少眩光出现的可能性。

（3）如果在取景器或显示屏中看到眩光，可以适当调整拍摄角度，直到眩光消失后再按下快门按钮。

在拍摄强光下的剪影时，如果直接对着太阳取景，画面很容易出现眩光现象

为了避免这种问题，可以调整拍摄角度，尽量避免直接对着强光源拍摄，特别是直接对着太阳取景

6.4 | 拍摄水中倒影的技巧

在拍摄水景时，有时会遇到水面相对平静的情况，此时我们可以拍摄水中的倒影。为了拍摄清晰的倒影，需要注意以下几点。

（1）为了让水中的倒影更加清晰，最好使用顺光或侧光角度，避免使用逆光或顶光。日出和日落时是顺光拍摄的最佳时机，稍后太阳升高，使用侧光效果更佳。

（2）在拍摄倒影时，尽量降低拍摄角度，这样倒影更接近实景大小。同时，在镜头前加装遮光罩有助于防止水面反射的杂光形成光晕。

（3）水面的倒影通常比实景略暗，这是由于光线在水面反射时强度减弱。为了让倒影更清晰，建议增加约1挡曝光补偿，以保证倒影的暗部得到清晰呈现。

注意以上事项，我们可以拍摄出更加清晰、美丽的水景倒影作品。

在拍摄水中倒影时，利用斜侧面的光线进行拍摄，这样水中的倒影会更清晰地呈现出来

6.5 ｜ 消除水面反光的实用方法

在拍摄水景时，常常遇到强光环境下水面的明亮反光现象，如果处理不当，照片可能出现曝光过度的问题，影响整体美感。为了消除水面反光，我们可以考虑以下几点。

（1）偏振镜可以有效地减少水面反光，通过旋转偏振镜的角度，可以获得最佳的画面效果。

（2）在实际拍摄中，逆光或侧逆光角度可能导致水面明显的反光现象。为避免反光问题，可以选择避开逆光角度进行拍摄。

通过以上方法，我们可以消除水面反光，拍摄出更加优美的水景作品。

拍摄清澈的水景时，借助偏振镜可以很好地消除水面反光，从而透过水面拍摄到精彩的水底场景

6.6 | 创造波光粼粼水面效果的拍摄技巧

水面在逆光位置拍摄时具有明显的反光效果，这使得我们可以利用这一特点拍摄出波光粼粼的水面景象。以下是一些拍摄波光水面的注意事项。

（1）使用逆光和低角度拍摄。逆光位置能够突出水面上的星芒效果，低角度拍摄则增加了水面的层次感，让波光更加生动。

（2）采用小光圈突出星芒效果。使用小光圈（比如f/16）能够使得星芒效果更加明显。此外，使用夜景拍摄中常用的星光镜头也可以让高光点呈现出美妙的星芒效果。

通过合理运用逆光、低角度和小光圈等技巧，我们可以拍摄出令人赞叹的波光粼粼的水面作品。

在逆光拍摄水景时，选择小光圈，水面在光线的照射下会呈现出波光粼粼的独特效果

6.7 | 拍摄宏大太阳景象的技巧

在风光摄影中，我们通常在光线柔和的时刻，如日出和日落时拍摄太阳。

如果想突出太阳的轮廓，最好将太阳放置在画面靠近中心的位置，并使用相机的中央重点平均测光模式进行拍摄。然而，在拍摄过程中，太阳的轮廓可能并不清晰，周围可能会有光芒溢出的现象。为了使太阳的轮廓更加清晰，可以适当降低曝光补偿，使太阳周围的天空显得较暗，从而突出太阳的轮廓。如果想拍摄较大的太阳，可以选择使用长焦镜头，焦距越长，得到的太阳也会显得越大。此外，我们还可以利用云层遮挡太阳或者将太阳放在山边的位置进行拍摄，使照片中的太阳显得更大一些。

拍摄大太阳时，选择云层遮挡太阳的场景可以使照片更加饱满。此时，云层的柔和遮挡有助于减缓太阳光线的强度，使得画面中的色彩更丰富

而在拍摄日落时的太阳时，可以将太阳放置在画面中间，然后选择相机的中央重点平均测光模式，并适当降低曝光补偿。这样做可以使太阳的轮廓更加清晰，同时保持周围环境的细节，营造出较为平衡的画面效果

6.8 | 高速快门捕捉水滴飞溅的技巧

　　在拍摄水景时，有时会遇到壮阔的场景，如飞流直下的瀑布、波涛涌动的浪花等。为了捕捉这些运动的水景瞬间，我们可以选择高速快门拍摄。具体拍摄时需要注意以下几点。

　　（1）确保现场光线充足，使用高速快门同时保持准确曝光。高速快门需要较小的光圈，以保持照片的清晰范围。因此，拍摄时最好选择在阳光充足的正午时分进行，以确保现场光线充足。

　　（2）对场景中的浪花或瀑布进行测光，保证主体细节清晰。通常，溅起的浪花呈现出白色，因此我们应该对浪花进行测光，以确保浪花清晰，曝光准确。

选择高速快门拍摄瀑布时，对瀑布进行测光，确保曝光准确，使明亮的瀑布细节得到全面展现

6.9 | 使用慢速快门拍摄溪流瀑布效果的指南

我们可以使用慢速快门拍摄出如梦似幻、如丝如雾般的流水效果。在具体拍摄时，需要注意以下两点。

（1）使用三脚架稳定相机，因为慢速快门需要相对较长的曝光时间，使用三脚架可以避免相机晃动，保证照片清晰度。

（2）使用慢速快门时，要在光线较好的情况下进行拍摄。为了避免曝光过度，应将感光度设置为相机的最低值，光圈尽量开到最小光圈。如果仍然不能得到正确的曝光，可以考虑为相机安装中灰减光镜，以确保照片曝光准确。

使用慢速快门拍摄瀑布和溪流时，应借助三脚架稳定相机，并配备减光镜，确保曝光准确，避免出现曝光过度问题

6.10 | 利用明暗对比拍摄壮美山景

在黄昏时分拍摄山脉时，由于自然光角度较低，我们可以利用局部光线照射到山峰的特点进行拍摄，从而获得山顶明亮、山腰和山脚偏暗的效果，形成明显的明暗对比。具体拍摄时，可以注意以下几点。

（1）选择低角度的光线拍摄。黄昏时，太阳即将落山，光线的角度很低。此时，选择较高位置拍摄山顶，而地面已经没有直射的阳光，会产生强烈的明暗对比效果。

（2）对太阳照射到的山顶进行测光。使用点测光功能对光线直射的山顶进行测光，这样可以获得曝光更加准确的照片。

通过以上方法，可以在黄昏时分拍摄出带有明暗对比的山脉照片，形成独特的视觉效果。

在日落时拍摄山景，对山顶受阳光照射的区域进行测光，与周围未照射到阳光的区域一同构成画面的明暗对比，从而使山顶呈现出金顶效果

6.11 | 在树林中创造梦幻效果的拍摄方法

在林中拍摄风光作品时,我们通常会选择光线均匀的场景,以清晰表现林中的美景。然而,有时候这样的作品可能会显得平淡,缺乏足够的绚丽和新奇感。

我们可以利用光线的特点,使林中的作品呈现出绚丽而梦幻的效果。具体拍摄时,可以寻找一些独特的光照环境。例如,透过林中缝隙射入的光束,这时候树木前方会形成明显的影子,而树枝和叶子间会散发出明亮的光芒。特别是在林中有轻薄雾气的时候,照片更显得梦幻和神秘。

通过这样的拍摄技巧,可以让林中风光作品变得更加生动、独特,并呈现出绚丽的光影效果,让观者感受到别样的美丽与神秘。

对光线均匀的林子进行拍摄,能够细致地表现林中树木的细节,但照片的视觉效果可能会显得不够丰富

选择侧逆光角度拍摄光线透过树叶缝隙进入林中的场景,整个画面会呈现出绚丽的效果,使林中风光的照片更加精彩动人

6.12 | 如何捕捉多云正午的草原景色

在晴朗的天气中漫步在广阔的草原上，我们会看到美丽的蓝天白云和迷人的环境，这给了我们极大的拍摄兴趣。实际拍摄时，我们可以从以下几点着手。

（1）对蓝天进行测光，确保照片曝光准确。拍摄蓝天白云时，可以对蓝天进行测光，使整体曝光更加准确。

（2）选择相机的评价测光模式，以更细致地表现照片中整体的细节。

（3）在拍摄天空中的云彩时，适当增加曝光补偿，让云彩更加明亮，从而使照片更加唯美。

在拍摄草原上的风景时，如果将天空中的云彩作为陪体，整个画面会显得更饱满和充实

当我们希望突出表现天空中的云彩时，可以将地面区域保留较少，然后对蓝天进行测光，确保照片曝光准确。这样的处理会让照片看起来更显高远，突出天空的美景

6.13 | 表现沙漠纹理与质感的摄影技巧

在沙漠中拍摄时，有多种选择可以创造出不同的画面效果。一种是在光线较低的清晨或傍晚拍摄，以捕捉明暗强烈的沙漠光影和剪影效果。这能够营造出独特的氛围，突显沙漠地形的精彩之处。另一种是在光线强烈的中午拍摄，以展现沙漠的纹理和质感。

为了突出沙漠的纹理和质感，我们可以选择具有明显纹理的景物作为主体，然后利用光线强烈的侧逆光来拍摄。在阳光的照射下，风吹过沙子的痕迹会更加清晰地展现出来，增强画面的立体感。

选择光线强烈的侧逆光角度拍摄沙漠，会形成有规律的纹理光影效果，为画面增添节奏感和美感

6.14 | 呈现白云层次感的拍摄技巧

在拍摄风光作品时，天空中的云彩常常是一个重要的元素。然而，如果处理不当，云彩可能会曝光过度或缺乏层次感，从而影响照片的效果。在实际拍摄中，遇到有云彩的场景，我们可以考虑以下方法来处理。

（1）测光云彩：如果天空中的云彩占据了较大的面积，可以对云彩进行测光。在这种情况下，适当增加曝光补偿可以确保云彩的曝光更准确，从而保留云彩的细节和质感。

（2）利用侧光或侧逆光：选择侧光或侧逆光的角度进行拍摄，可以增强云彩的立体感和层次感。在这些光线条件下，云彩的一侧会被明亮的光线照射，而另一侧则会处于阴影中，产生明暗的对比，从而使云彩更具质感和层次感。

在顺光拍摄风光时，对地面山景进行测光，天空中的云彩很可能会曝光过度，导致云彩层次丢失

如果选择侧逆光拍摄天空云彩，光线从侧面照射，云彩上会出现明显的明暗过渡关系，使得云彩层次更为丰富，画面整体呈现出更强的立体感

6.15 | 在弱光条件下拍摄风景的方法

　　在实际拍摄中，有时会遇到光线较弱的情况，这可能导致整体画面过于黑暗，无法完美呈现细节。

　　为了在弱光环境下拍摄准确曝光的照片，我们可以使用三脚架稳定相机，并选择较慢的快门速度。这样可以确保照片整体曝光准确。同时，在弱光环境中，如果存在小区域明亮的场景，可以运用明暗对比的方法来进行拍摄。

在弱光环境下，将相机稳定在三脚架上，适当降低快门速度，确保照片曝光准确

另外，我们也可以发现环境中的明暗关系，选择明暗对比的拍摄方法。具体拍摄时，对亮部区域进行测光，以增强明暗对比，从而获得更为饱满和引人注目的照片效果

6.16 | 使用包围曝光拍摄 高对比度场景的技巧

　　在拍摄大场景风光作品时，面对复杂的光线情况，我们可以选择使用包围曝光的方法。这样可以通过拍摄一组不同曝光补偿的照片，更快捷地得到准确的曝光作品。

　　在实际拍摄中，我们可以利用相机的包围曝光功能，设置不同的曝光补偿参数，例如-1EV、0EV、+1EV。相机会自动拍摄三张不同曝光补偿的照片。我们可以从这三张照片中选择曝光最准确的一张，或者使用后期处理中的HDR功能，将这三张照片合成为一张具有更大动态范围的高质量作品。这样，我们就可以在复杂的光线条件下拍摄出令人满意的风光照片。

曝光补偿 -1EV

曝光补偿 +1EV

曝光补偿 0EV

通过使用包围曝光的技术，我们能够迅速地拍摄一组曝光不同的照片。在应对一些难以判断曝光的场景时，利用这种方法可以更有效、更迅捷地完成拍摄任务

CHAPTER
07

第7章

花卉题材实拍训练

对于初学者来说，花卉是非常好的拍摄题材。首先，日常生活中花儿随处可见，公园里、街道边，甚至有的人家中也养花，因此很容易找到拍摄对象。其次，花儿本身色彩艳丽、造型优美，非常吸引人。然而，如果只是简单记录花卉，很难拍摄出令人赞叹的作品。唯有充分利用光线，将光影变化下的花儿捕捉下来，才能更好地展现摄影的魅力。

本章将结合不同的光线效果，讲解如何让花卉作品更加精彩。

7.1 | 拍摄花卉的不同时机

在拍摄花卉时，我们可以选择有露水的清晨或者雨后进行拍摄。在清晨，光线柔和，空气中含有较多水汽，也比较清新。而在雨后，尽管太阳出现，但云朵的遮挡使光线变得柔和，呈现散射光的特性。在这样的时刻拍摄花卉，可以得到柔美的照片。

散射光本身有利于凸显花卉的色彩、纹理等细节，而选择在雨后拍摄时，花朵被雨水冲洗过，更显干净、清新。有时，花瓣上还会残留水珠，增添花卉的莹润、诱人之美。

结合点点水珠一起拍摄，画面更增添出水芙蓉的美感

在有露水的清晨，使用微距镜头可以拍摄晶莹剔透的水珠，画面更显清新

7.2 | 拍摄白色或浅色花朵

当拍摄花卉题材的照片时，可以采用拍摄雪景时遵循的"白加黑减"曝光原则。

在拍摄白色花朵时，需要注意相机系统的自动测光可能会误判情况，导致画面偏暗。针对这种情况，可以采取以下方法进行处理。

（1）增加曝光补偿：当相机系统在拍摄白色花瓣时自动减少曝光，造成画面暗淡时，可以适当增加曝光补偿，一般增加1~2挡的曝光补偿可以使画面更加明亮，确保白色花朵表现得洁白明亮。

（2）灵活运用曝光补偿：不仅在拍摄白色花卉时需要考虑曝光补偿，还需要在光线暗淡的情况下灵活运用曝光补偿功能，以确保画面的曝光准确。无论是在散射光环境中还是在其他低光照条件下，适当提高曝光补偿可以保持画面明亮。

拍摄白色花朵时，对花卉主体增加曝光补偿，可以使花朵更显洁白、明亮。同时，在光线暗淡的环境中，也要适度提高曝光补偿来保证曝光的准确性

7.3 | 增强花瓣透明感的拍摄技巧

在拍摄花卉时，如果希望主体呈现更为透明的效果，可以采用以下几个方法。

（1）在空气清新的清晨、傍晚或雨后时段进行拍摄。这个时间段能够保证空气质量较好，从而使照片呈现更透明的效果。

（2）精确测光花卉主体可以确保主体曝光准确，展现更清晰的细节。

（3）选择光线顺着主体方向照射，可以使花卉主体受光均匀，避免明暗交错，保留细节。

在空气清新的时刻，采用顺光角度拍摄花卉主体，创造出通透、清新的照片效果

7.4 | 半透明花卉照片效果的拍摄方法

拍摄质地较薄的花卉主体时可以选择逆光环境进行拍摄，以呈现出半透明的特殊效果。另外，在拍摄带有微绒毛的植物时，逆光会赋予这些植物的边缘一道明亮的金辉。

在逆光条件下拍摄白色的花，花朵会呈现出半透明的效果

逆光拍摄时，红色的郁金香会呈现出半透明的效果

从逆光角度拍摄时，草的周围将产生鲜明的轮廓光，形成金光闪烁的效果

7.5 | 利用明暗对比拍摄花卉主体

　　在拍摄花卉时，为了提升照片的整体美感，使主体更加突出，我们通常使用对比方法，对比方法包括色彩对比和明暗对比等。通过明暗对比的拍摄技巧，能够让花卉的背景显得干净简洁，从而更好地凸显花卉主体。

　　在拍摄过程中，我们可以利用相机内置的点测光功能，对花卉主体所在的亮部区域进行测量，确保主体的曝光准确。同时，通过将较暗的背景环境压暗，可以产生明显的明暗对比效果，使得主体更加突出。

利用明暗对比，花卉主体呈现出明亮清晰的状态，背景亮度则被巧妙地降低，照片的整体效果更加简洁

7.6 | 提升花卉颜色鲜艳度的摄影技巧

在拍摄花卉时，有时候即使花朵原本色彩鲜艳，照片中却可能呈现出暗淡的效果。如何能够捕捉更鲜艳的花卉照片呢？以下几点或许可以提供帮助。

（1）为了展现花卉的色彩鲜艳，首先要确保花卉主体的曝光准确。因此，在实际拍摄中，务必对花卉主体进行仔细测光。

（2）如果花卉照片呈现出色彩不够浓烈的情况，适度减少曝光补偿可以增强花朵的鲜艳色彩。

（3）为了让花卉色彩更为鲜艳，可以尝试运用色彩对比的技巧。观察花卉所处环境，选择与花朵主体形成强烈对比的色彩。在实际拍摄中，通过仰拍的角度，将天空作为背景，让花卉与蓝天共同构图，呈现整洁画面。在遇到与蓝色形成鲜明对比的色彩时，画面的视觉效果会更为突出。

比如拍摄粉红色荷花，选择绿色荷叶作为背景，红花在绿叶的映衬下会更加艳丽夺目

7.7 | 增强花卉主体纹理与质感的拍摄方法

　　因为花卉的种类不同，它们的质感和纹理也会多种多样。当我们希望突显花卉的质地时，除了前方光线外，侧光和后侧光都是很好的选择，特别是后侧光不仅能够突出花卉的纹理质感，还能赋予花卉更为清新和唯美的效果。

　　后侧光，指的是光线稍微偏向主体侧面后方的角度，处于侧逆光的位置。通过选用这个角度，主体的一小部分会受到光线直接照射，而大部分背光的区域则会陷入阴影中，从而形成明暗的对比，而且光线越强，这种明暗对比也就越显著。然而，因为不同花卉的品种和质地差异，有些花瓣比较薄，阳光可以轻松透过花瓣，营造出晶莹剔透的效果，花瓣上也会出现淡淡的阴影，增加画面的立体感。

画面中的光线条件会呈现出柔和的明暗过渡效果，荷花花瓣在光线的照射下，表现出层次丰富的质感

7.8 | 拍摄大场景花卉主体的技巧

当拍摄广阔的花卉景观时,如何利用光线创作引人注目、震撼心灵的花卉摄影作品?我们可以从以下几点着手。

(1)在拍摄广阔花卉景观时,场景较为广大。因此,选用评价测光模式可以更全面地测量环境光线,确保整体曝光的准确性。

(2)在拍摄大场景花卉时,无须局限于单一光线角度或天气条件。实际操作时,可以尝试不同光线方向,体验光线对环境的变幻影响。

(3)拍摄花海时,我们可以选择较高的角度,捕捉更广阔的花海景象,让照片中的花海一览无余,带来开阔的视觉享受。

选择较高的角度俯视拍摄向日葵花海,盛开的花朵充满画面,带来令人震撼的效果

在逆光环境下拍摄薰衣草,光线从背后照射,使薰衣草呈现独特的半透明效果,整体画面层次丰富,光影效果十分唯美

7.9 | 创造迷人光斑效果的花卉背景拍摄

在拍摄花卉时，以下几种场景可以用来创造出迷人的光斑效果。

（1）在拍摄水中的花卉时，可以充分利用水面的反射光，产生迷人的光斑效果。在这样的场景中，你可以选择拍摄位置使花卉主体与水面反射光相互交织，增加画面的层次感。

（2）当花卉主体与背景中的树叶间隙相映成趣时，可以采用仰视角度，并通过虚化背景的效果，将通过树叶缝隙透射的光线呈现为诱人的光斑。

（3）若背景中存在晶莹的水珠，可以运用适当的拍摄技巧，将背景虚化，从而在画面中创造出点点光斑的效果，增添视觉吸引力。

在选择以水面为背景的情况下，使用长焦镜头和大光圈拍摄，背景的水面反射光被虚化成了美丽的点点光斑，营造出梦幻而唯美的画面

CHAPTER
08

第8章
美食与饰品题材
实拍训练

　　在社交媒体上，许多人都热衷于晒美食和精致的小礼品。有些人拍摄的照片非常吸引人，甚至那些看似平凡普通的小物件，在摄影者巧妙运用光线美化后，都变成了令人赞叹的作品。然而，有些原本精美的食物和饰品，却在摄影者随意拍摄的情况下失去了它们原本的光彩。这种差异很大程度上源自对光线的掌控能力。

　　本章将从光线的角度探讨在静物摄影中拍摄出美味食物和精致饰品的技巧。

8.1 | 在室内自然光环境下拍美食的方法

在室内拍摄美食时，我们常常会选择光线充足的环境，而这些环境通常得益于阳光透过窗户进入室内的自然光线。

我们可以将美食摆放在窗户旁边，让透过窗户的自然光直接照射在美食主体上。为了避免直射光线过于强烈，可以拉上浅色、透光性好的窗帘，使强光柔和化，从而使美食主体的光照更加均匀。为确保画面曝光准确，也可以适当提高相机的感光度值。

在室内利用自然光拍摄时，可以增加相机的感光度值，以获得更准确的曝光

利用透过窗户的自然光作为主要光源。在此过程中，若自然光太过强烈，可借助浅色且透光性好的窗帘来柔化光线，从而使美食主体受光更均匀

8.2 ｜ 增强静物作品的立体感

在拍摄美食时，巧妙地运用光线，能够赋予照片更加强烈的立体感。在实际拍摄中，选择侧逆光或斜侧光的方式，会使画面中主体的前方或侧后方形成鲜明的阴影，从而通过光影变化增强照片的空间感。

在操作时，如果室内灯光位于桌子正上方，我们可以将美食放在桌子边缘，创造出侧光或侧逆光的角度，从而使主体受到充分照射，同时背光面呈现清晰的轮廓阴影。

通过选择侧逆光的角度来拍摄静物主体，我们能够实现主体受光部分的明亮清晰，同时在背光面形成清晰的轮廓阴影。这种明暗的对比关系会在画面中更加明显，从而加强照片的立体感

8.3 | 打造静物作品的现场感与质感

　　所谓"现场感"指的是照片能够让观者感受到仿佛置身于现场的感觉。通过欣赏照片，观者可以想象出现场的光线、色调、环境等情景。在表现现场感时，应避免使用闪光灯，以免破坏原有环境的光线和色调氛围。

　　"质感"是指通过恰到好处的照明布置，使拍摄对象的材质在照片中得到更加精致、细腻的展现，让观者有触摸主体的感觉。通常，在表现主体或背景的质感时，应根据实际材质选择适合的光线方式。例如，对于表面较粗糙的木材或石头，适宜选择低角度的侧逆光；对于瓷器，应主要使用正侧光，同时结合柔和的光线和折射光线，保留瓶口和花纹部分的高光和细节；而皮革制品则适合采用逆光和柔光，借助皮革本身的反光来突显质感。

在拍摄餐桌上的美食时，可以让室内灯光正好位于美食上方，作为主光源。通过选择顺光角度，以俯视角度拍摄美食，能够在灯光的映衬下更加细致地呈现美食的色彩和质感

8.4 | 避免食物照片偏暗，增加亮丽度

　　美食的色彩是画面是否诱人的关键。若用光不当，很可能导致照片过暗，色彩不够鲜明。

　　在具体拍摄过程中，为避免此类问题，我们通常从以下几方面着手。

　　（1）选择充足的光线环境进行拍摄。在拍摄时，应尽量选择有足够光线的环境。如果遇到光线相对较弱的场景，可以利用周围灯光进行补光。

　　（2）适度提高曝光补偿。在柔和光线环境下拍摄时，适当提高曝光补偿可以使照片更明亮，同时色彩也会更显丰富。

在拍摄富有色彩诱惑力的美食时，结合灯光进行补光，同时适度增加曝光补偿，可以使照片中的美食色彩更加鲜明夺目

8.5 | 逆光拍摄静物美食的技巧

逆光角度在静物美食摄影中，可以突显静物美食的独特魅力，即将主光源设置在主体背后，相机位于主体前方。

我们可以尝试选择逆光角度，进行多次练习，并观察照片的实际效果。通过了解主光源在不同高低位置下的逆光效果，我们可以掌握适合的光线布置。此外，在选择逆光角度进行静物美食拍摄时，不必局限于纯粹的逆光，还可以尝试侧逆光角度。

在选择逆光角度拍摄时，主体前方可能会产生阴影，导致前方细节的丢失。为了避免这种情况，我们可以借助反光板产生额外的补光，这样可以有效避免静物美食主体前方的阴影出现。

借助反光板产生额外的补光，可以有效避免静物美食主体前方的阴影出现

在选择逆光角度拍摄带有油迹的牛排时，通过逆光角度，可以使美食前方的反光与背光面的阴影产生明显的过渡效果，进而在明暗的对比下增强照片的立体感

8.6 | 全面细腻地表现饰品细节的方法

为了全面且精细地展示主体的细节特点，可以从取景和用光两方面入手。

（1）在选择静物的取景时，需要仔细观察主体的形状、颜色等独特特点，然后根据这些特点选择适当的摆放方式进行拍摄，以充分展现主体的特质。举个例子，在拍摄饰品时，可以请模特佩戴它们，以更直观地呈现饰品的效果和佩戴感受。

（2）关于用光，为了使静物主体的细节得到完整细致的表现，必须避免主体表面出现阴影。在实际拍摄中，选择柔和的斜侧光作为主要光源，辅以反光板反射的光线作为辅助光源，从侧面照射主体。这样的用光方式可以让主体受到均匀的光线照射，细节得以充分展示。

当拍摄饰品时，可以请模特佩戴饰品，然后选择柔和的侧光角度进行拍摄，以使饰品的细节更加清晰丰富

8.7 | 拍摄白色物品的技巧

在拍摄白色主体时，为了确保照片曝光准确且画面美观，需要注意以下几点。

（1）考虑到主体是白色的，可以选择浅色或白色的背景。这样可以营造高调效果，突显白色主体的纯洁感。背景的选择在实际拍摄中非常关键。

（2）在使用浅色或白色背景时，适度增加曝光补偿可以确保照片曝光更加准确，不至于让白色主体曝光过度。

此外，当拍摄白色物体时，也可以考虑使用黑色背景。结合侧光的技巧，可以创造出强烈的明暗对比效果，进一步凸显白色主体的细节。

拍摄白色主体并选择白色背景时，适当增加曝光补偿可以让白色主体物更加突出

8.8 | 拍摄黑色物品的窍门

要拍摄出优美的黑色物体照片，在实际拍摄过程中也需要考虑以下几点。

（1）选择黑色或深色背景，创造大片深色区域，这有助于打造低调的照片效果，突出主体的特点。

（2）拍摄黑色主体时，相机的测光可能会出现偏差，导致曝光不准确。因此，在拍摄黑色静物主体时，适度减少曝光补偿，确保照片曝光更准确，以便更好地呈现黑色主体的细节和纹理。

（3）可以选择在白色背景下拍摄黑色主体，通过对比关系突出主体。在具体拍摄中，可以使用评价测光方法，对整个场景进行测光，从而保证整体曝光准确

在选择黑色背景进行拍摄时，如果拍摄的是黑色的静物主体，适当减少曝光补偿是必要的，这样可以让黑色物品在照片中呈现更深沉的黑色

在白色背景中拍摄黑色的主体时，使用评价测光可以帮助你获得准确的曝光。这样可以确保照片中的黑色主体展现出适当的细节和色彩，而不会因为背景的明亮而导致曝光过度

8.9 | 在展馆内拍摄清晰静物照片的方法

一般在博物馆或其他展览场所拍摄时，闪光灯的使用是被禁止的，因此我们需要依赖现场展览灯光来进行拍摄。为了确保照片清晰、曝光准确，正确设置曝光参数是至关重要的。在实际拍摄过程中，我们可以采取以下方法。

（1）调整曝光参数：选择较高的感光度设置，根据展品的大小选择合适的光圈，以确保照片拥有足够的景深；同时，选择相对较快的快门速度，最好高于安全快门速度，以保证照片整体清晰度。

（2）利用不同角度：展厅内的光线方向和强度通常是固定的，因此，我们可以在拍摄时多尝试不同的角度和位置，选择最佳的拍摄角度。

（3）很多展品会摆放在玻璃柜中，这就需要注意避免玻璃表面的反光对拍摄产生影响。

在展览场所拍摄时，适当提高感光度值、选择适当的光圈，以及选择相对较快的快门速度，能够让展品在照片中更加清晰地展现出来

第 9 章
人像题材实拍训练

　　人像摄影是摄影领域不可或缺的一部分，如何在人像摄影中巧妙地运用现场光线，成为拍摄过程中亟待解决的难题。

　　本章将从户外自然光线、室内环境光以及人造光等几个方面入手，简要介绍人像摄影中常用的光线运用技巧。

9.1 | 人像摄影中的测光技巧

在拍摄人像照片时，确保照片曝光准确至关重要，这涉及准确测光技巧的应用。在实际拍摄过程中，可以从以下几个方面入手，深入了解人像摄影中的测光技巧。

（1）选择合适的测光模式是关键。基本而言，根据人像构图和周围光线状况，在实际拍摄中选择最佳的测光模式至关重要。例如，当将人像主体置于画面中央时，可选用中央重点平均测光模式，以便精准测光主体区域。

（2）着重测光人物面部。为确保人像曝光准确，在拍摄人像时，我们常将测光区域置于人物面部，以尽可能确保人物面部曝光得当。

对人物面部进行测光，让照片中人像曝光准确

将人物主体置于画面中央，可以采用中央重点平均测光模式进行拍摄

9.2 | 室外人像摄影：选择最佳拍摄时间

在室外利用自然光进行人像摄影时，最重要的是要考虑自然光的状况，也就是太阳光的强度和方向等。太阳光的强度和方向变化是我们无法控制的，但我们可以根据一天中的光线变化来选择最佳的拍摄时机。

在没有阴云遮挡的晴朗天气下，较为适合拍摄的时间段通常是上午和下午：上午约从8点到10点，下午则是从3点到5点。在这两个时间段内，阳光明亮但不过于刺眼，光线充足，这样的光线角度可以使人像的光影变化更加丰富，更好地呈现画面的立体感。

下午3点到5点拍摄人像，可以借助夕阳的映衬，创造出温暖色调的画面效果，使人像照片更显温馨

选择上午8点到10点的时段，由于此时光线明亮而柔和，模特的肌肤会显得更加白皙和细腻

9.3 | 如何在晴天强光环境下拍摄人像

　　在明朗的氛围中捕捉人像照片，阳光强烈且投射方向明显，若未妥善运用技巧，效果可能不尽如人意。在实际拍摄中，可以从以下几个方面着手。

　　（1）在拍摄时可以选择有阴影的场景，避免直射阳光照射区域，如在树荫下拍摄人像。在此过程中，需留意现场阴影的分布，避免在人物面部出现突兀的交替明暗影子，形成不美观的黑白斑点。在阴影中拍摄时，务必争取使光线更均匀地照亮人物。

在晴朗的天气中拍摄人像，可以选择在光线较为柔和的树荫下进行拍摄，这样人像的光照会更均匀，照片曝光也会更加温和

（2）准备一把半透明的遮阳伞，类似天空中的云层，它能有效地过滤强烈的阳光，形成柔和的光线环境。这可以避免强光直射，使人物面部得到均匀的照明、皮肤细节等特征得到良好呈现。

（3）在晴天光线强烈的情况下，寻找环境中的反射物件，如镜子、玻璃、湖面、沙滩上的沙子、白色墙壁、浅色服装等。通过与这些反射物件的配合，模特可以摆出一些造型，利用反射光为人物面部提供补光，以获得适度曝光的人像作品。

伞下的光线会更加温和，避免了强烈阳光直射，使得人物面部的光照更均匀，皮肤和其他细节能够更好地呈现出来

9.4 | 使用反光板补光的方法

我们可以运用反光板来为人物补光。所谓反光板，就是表面附有高反射物质的轻薄板，价格亲民实惠，是性价比最高的反光工具之一。常用的反光板形状为圆形，不过大小各异，可根据实际拍摄需求来选择合适的尺寸。此外，反光板的颜色也有多种选择，如白色、银色和金黄色，具体选用哪种颜色要依据拍摄要求而定。

反光板的使用十分简单，只需确认光源位置，将反光板的反射面朝向自然光源，通过其反射光线对人物进行补光。反光板可以有效地为阴影部分提供光线，使背光区域的细节在画面中得以清晰呈现。

在光线差异较大的场景中拍摄人像时，借助反光板进行补光，能够获得光线均衡的画面效果

　　使用反光板补光的目的之一是创造柔和的光线效果，以减轻阴影并产生自然的光影。因此，在使用反光板时，需要确保光线不会过于刺眼或强烈，以免破坏画面的平衡。

没有使用反光板时，画面主体阴暗，整体曝光效果不佳

使用反光板，为人物的面部增加光线，使人物主体的面部明亮起来，让主体的细节得到清晰的呈现

9.5 | 如何在阴雨天的柔和 光线下拍摄人像

　　我们也可以选择在阴天或雨天进行人像摄影。通常情况下，阴雨天气的自然光线是散射光，因此光线较为柔和。在这种天气条件下拍摄人像时，人物受光均匀，不会出现明显的阴影，人物主体的细节也能够更清晰地展现出来。

当我们选择在阴雨天气下拍摄时，可以针对人物的面部进行测光，以确保人物主体的曝光准确

阴天的柔和光线为人物带来了清新、柔和的整体表现

9.6 | 美白皮肤的人像摄影技巧

俗话说"一白遮百丑"，在人像摄影中，适度的曝光过度可以使人物肤色显得更加嫩白。因此，在拍摄美女人像时，为了突出她们的肌肤美感，可以稍微提高曝光度。

通常情况下，阴天的散射光线或者逆光更适合拍摄这种类型的画面。如果在拍摄过程中未能达到预期效果，后期可以适度增加曝光，从而获得肌肤白皙的美女照片

9.7 | 突显人物面部细节的技巧

在人像摄影中，若要突出人物的表情、肤色和服装等细节，可选用顺光条件下进行拍摄。将相机镜头的方向与光线投射方向一致，确保欲表现的方面都在光线照射范围内，以突显人物各项细节。由于顺光能均匀地照亮人物表面，其照射范围较大，因此在实际拍摄中可以采用评价测光模式。

在强光顺光环境中，适当降低曝光补偿 1~2 挡，可获得柔和的曝光效果。有时，顺光环境下拍摄的人物可能因阳光太刺眼而显得无神，这时可让模特暂时闭眼或侧对阳光，等待拍摄时再对准镜头，从而捕捉到瞬间的眼神。

顺光拍摄虽然使人物得到均匀照射，但可能导致画面缺乏立体感，显得平淡。为增加空间感，可让模特稍微调整身体角度，创造清晰的明暗区域，进而增添画面的深度。也可以引入一些小景物作为前景，借助景深关系来丰富画面，使其不再显得平庸。

选择顺光角度拍摄人像，可以让人物适当偏转面部，这样照片中人物的面部细节可以得到很好的表现，照片也具有一些立体感，避免了照片太过平淡

9.8 | 增强人物立体感的拍摄技巧

拍摄人像照片时，为了突出模特的五官特征，营造更立体的效果，可以考虑选择侧逆光或侧光角度进行拍摄。

（1）侧逆光能够勾勒出模特的轮廓，使其在画面中更加清晰醒目。

（2）侧光创造了明暗分明的阴影效果，这种明暗的对比能增强立体感。调整模特的朝向或相机的角度可以控制阴影的强度和方向。

（3）侧逆光或侧光角度的拍摄通常能够带来明暗对比。在实际拍摄中，应根据环境情况，在保持整体曝光准确的基础上，选用中央重点平均测光或评价测光模式。这样可以确保人像细节充分呈现，同时保持画面的整体均衡。

在选择侧光角度拍摄人像时，人物面部会呈现出柔和的明暗变化，这种侧光效果还将增强画面的立体感

9.9 | 逆光条件下的人像摄影策略

　　提及逆光拍摄人像，不单单只有剪影效果。只要在拍摄角度、测光和构图等技巧上处理得当，逆光环境下的人像照片也能够呈现出清新、明亮的画面效果。尤其在拍女性时，飘逸的长发成为吸引人的画面元素；逆光拍摄能够突显美女人像的头发纹理，使每根发丝散发出光芒，极具魅力。

　　在逆光环境中拍摄人像，确保人物正面清晰的照片需要正确的测光。测光不准确可能导致画面呈现剪影效果。通常情况下，数码相机中的点测光或中央重点平均测光是较常用的测光模式。由于模特背对光源，我们需要精准地测量人物面部的光照，而点测光和中央重点平均测光模式的测光范围相对较小，能提供更准确的测光结果。

在逆光角度拍摄人像时，背景中的强光变得朦胧，整个画面的艺术感得以提升

逆光角度可以拍摄出人像的剪影效果

9.10 | 为人像添加眼神光的技巧

在拍摄人像时，运用眼神光也能赋予画面更强的吸引力。眼神光的运用通常能够增添画面的趣味，使模特的眼睛更加明亮，吸引观者的目光。

制造眼神光的方法有多种，其中最常见的是通过数码相机上的顶部闪光灯来实现。我们通常是在逆光的环境下制造眼神光，在逆光环境中，让模特背对着光源，面朝相机，背光面和光源之间形成强烈的明暗对比，此时利用顶部闪光灯对模特的背面进行补光，可以创造出明亮的眼神光效果。实际拍摄时，闪光灯会根据相机的自动测光结果进行闪光亮度的调整。在拍摄完成后，我们可以通过相机的液晶显示屏回放照片查看，以便随时调整曝光参数，使画面的曝光更加准确。

使用闪光灯为模特增添眼神光，能够使画面中的人物更加生动，照片也能够更好地传达情感

9.11 | 室内光线不足时的处理方法

在进行室内人像摄影时，首要任务是分析室内的光线情况，包括光的强度、灯光分布以及窗外光线的情况等。一旦对室内光线状况有了基本了解，我们可以通过采用一些用光技巧来解决可能存在的问题。常见的情况是室内光线相对不足，针对这一问题，可以从以下几个角度来着手处理。

（1）当室外的自然光透过窗户照射到室内，我们可以选择靠近窗户的位置进行拍摄，利用窗户的自然光，以获得充足的侧光或背光效果。

（2）在晚上或室内光线不足的情况下，可以借助室内的灯光或点燃的烛光，为人物主体提供补光，确保曝光准确。

（3）当室内光线不足时，可以考虑使用相机的内置闪光灯或外置闪光灯，为场景添加足够的光线，从而获得准确的曝光。

借助烛光为人物面部照明，突出了人物面部并让画面的曝光更加准确

9.12 | 利用窗外光线拍摄室内人像

在利用透过窗户的光线进行拍摄时，在晴朗的天气里，透过窗户进入室内的光线可能会过于强烈，造成画面上的明暗对比太大，从而导致人像细节的丧失。当遇到这种情况时，我们可以适当地拉上浅色窗帘，让光线柔和地进入室内。

在窗户旁拍摄时，可能会注意到进入室内的光线具有一定的方向性。这时，我们可以尝试不同的光线角度来拍摄，例如利用增强立体感的侧光、突出艺术感的逆光以及凸显细节的顺光等不同的光线角度，为照片赋予不同的效果。

利用透过窗户的光线进行拍摄

将浅色窗帘适当拉上，使照射进室内的光线更加柔和，没有直射那样强烈

9.13 | 明暗对比打造简洁人像照片

　　明暗对比指的是利用画面中不同区域的明亮度和暗度进行对比，以产生强烈的视觉效果。在这种画面中，明亮的部分通常是吸引眼球的焦点，而被降低亮度的暗部则可以突出明亮部分，起到强化主体的作用。

　　在拍摄人像时，可以巧妙地运用明暗对比效果，将人物主体或面部作为相对明亮的区域，并对人物进行测光拍摄。与此同时，背景区域的曝光可以降低，使其呈现出较暗的色调。通过这种方式，人物与背景之间形成明显的对比，从而突出人物主体，吸引观者的注意力。同时，这也可以简化背景，使照片更干净、简洁。

背景由于曝光不足呈现暗调，与人物之间产生鲜明的明暗对比，突显了人物主体的重要性

9.14 | 咖啡厅环境中的人像摄影

　　有时候，我们也会在一些餐厅或咖啡厅的环境中进行人像拍摄。这种情况下，可以巧妙地融入周围环境，使照片呈现出更为清新和文艺的感觉。

　　以咖啡厅为例，让我们简单了解在这样的环境中如何更好地利用室内光线来拍摄。具体的拍摄方法包括分析室内的光线状况，确定主要光源的位置，并针对这个光源选择合适的光线处理技巧。

　　在咖啡厅拍摄时，需要避免过度使用闪光灯来补光，因为强烈的闪光灯可能会破坏掉场景中的自然光线，导致照片失去环境感。当环境光线不足时，可以考虑适当提高相机的ISO感光度值，以确保照片曝光准确，同时增强现场感。

在咖啡厅内拍摄人像时，选择光线较为明亮的区域进行拍摄可以让拍摄过程更加顺利。结合室内的装饰和氛围，可以创造出更加精彩的人像作品

9.15 | 结合影子的创意人像拍摄

我们还可以捕捉人物的影子效果。影子的来源可以是摄影者自己，也可以是朋友或环境中的其他物体。为了营造更具视觉冲击力的画面，人物的姿势可以选择夸张一些，最好将双手与身体分开。此外，选择一个简洁干净的背景有助于突出影子的效果。

在实际拍摄时，如果仅对影子进行测光，画面中其他明亮区域可能会曝光过度。因此，最好使用评价测光模式，以确保画面整体的曝光准确。

通过影子也可以创造出引人入胜的人像作品，为照片增添一份独特的魅力

第10章

动物题材实拍训练

在拍摄动物题材时，你可以选取身边的宠物或者前往动物园进行拍摄。对于初学者而言，如何在不同的光线条件下拍摄动物，也是一个亟需解决的问题。

本章将一同探讨在动物摄影中常常遇到的用光挑战。

10.1 | 室内光线不足时的拍摄方法

在进行室内宠物拍摄时，光线不足是一个普遍的问题。在实际拍摄中，我们可以从以下几个方面着手来解决室内光线不足的挑战。

（1）通过适度提高相机的感光度值，可以在保持光圈和快门速度不变的情况下，让更多光线进入相机。

在室内拍摄宠物时，适当增加感光度值可以使照片变得更加明亮，同时也能增强画面的现场感

　　（2）在室内拍摄宠物时，选择光线充足的地方进行拍摄。例如，靠近窗户、门口等的位置都是阳光直射的地方，光线更加充足，拍摄起来更为方便。

　　（3）室内拍摄时，可以利用室内的光源进行补光。例如，可以选择在台灯等光源附近拍摄，这样一方面可以解决光线不足的问题，同时也能为室内环境增添自然感光效果。

在室内拍摄宠物时，尽量选择自然光线可以照射到的地方，这样可以让照片的曝光更准确

借助室内光源拍摄宠物时，可以轻松获得更清晰的画面

10.2 | 在室内拍摄动物时如何使用闪光灯

在室内进行宠物拍摄时，除了利用光线充足的地方、室内光源补光和提高感光度值的方法外，还可以考虑使用闪光灯来增强光线。

闪光灯可以分为内置闪光灯和外置闪光灯。内置闪光灯是相机自带的闪光灯，而外置闪光灯是独立于相机的光源。然而，在使用闪光灯时需要注意一些事项。

（1）直接闪光可能会惊吓宠物，也可能对它们的眼睛造成伤害，因此应避免直接对准宠物使用闪光灯。

（2）使用闪光灯时，反射闪光法是一种好的方法。可以将闪光灯的光线照射到墙壁或反射板上，然后让光线反射到宠物身上，从而实现补光的效果。

（3）安装柔光罩来软化闪光灯的光线，避免强烈的光线直接照射宠物的眼睛。

在室内拍摄宠物时，可以根据需要使用闪光灯，但要注意使用反射闪光法或柔光罩来保护宠物并获得更自然的照片效果

10.3 | 在动物园内拍摄时如何避免玻璃反光

在动物园内拍摄动物时，常常需要透过玻璃墙来拍摄围栏内的动物。然而，玻璃墙往往会像镜子一样，反射出拍摄者和其他游客的影像，导致画面显得混乱不清。在面对这种问题时，我们可以采用以下方法来解决。

（1）调整拍摄角度：尝试不同的拍摄角度，找到那些反光最小或者完全没有反光的位置进行拍摄。有时候稍微变换角度就能避免反射问题。

（2）紧贴玻璃拍摄：直接将相机镜头紧贴在玻璃上进行拍摄。这样做可以消除大部分反光问题，因为镜头与玻璃紧密贴合，反光影响会减少。

（3）使用偏振镜：在特别困难的情况下，可以考虑使用偏振滤镜。偏振滤镜能够帮助减少或消除反射，让你能够更好地透过玻璃进行拍摄。

在隔着玻璃拍摄动物时，通过调整角度、紧贴玻璃拍摄或者使用偏振镜，可以有效地解决反光问题，获得更清晰和更具吸引力的照片

10.4 | 让动物周围的毛发形成轮廓光的技巧

在拍摄宠物和其他动物时，常常会选择逆光或侧逆光的角度进行拍摄。

采用逆光效果来拍摄，能够表现出动物毛发在光线照射下的透明感和光芒。通过逆光的照射，动物的毛发周边会产生柔和的轮廓光，使整个画面更加通透明亮，增添动物的生动感。

逆光角度拍摄站立的小鸟时，小鸟周围有轮廓光

逆光拍摄狗狗时，狗狗毛发的周围有一层金色朦胧的轮廓光，增强了照片的视觉吸引力

10.5 | 拍摄浅色或白色动物的技巧

在动物摄影中，经常会遇到浅色或白色的动物。对于这些动物，拍摄时可以考虑以下技巧，以突出其毛发的特点。

（1）适当增加曝光补偿：在实际拍摄中，可以适当增加曝光补偿，这样可以让动物的毛发看起来更洁净明亮。然而，需要注意的是增加曝光补偿时要适量，避免曝光过度导致细节丢失。

（2）点测光并对动物主体测光：在明暗强烈的场景中，尤其是拍摄浅色或白色动物时，可以使用点测光，将焦点集中在动物主体上进行测光。这会使周围较暗的环境被压暗，从而产生明暗对比强烈的效果，使照片更具吸引力。

在亮暗对比较为强烈的环境下拍摄白色动物，可以让主体动物更加突出

拍摄白色雪地背景下的北极熊时，可以增加一些曝光补偿，让照片更加清晰，北极熊更为突出

10.6 | 保证高速快门下照片
曝光准确的方法

　　捕捉高速运动的动物是动物摄影中的一项挑战。为了清晰地捕捉到精彩瞬间，通常需要选择较高的快门速度。以下是对这种情况的一些建议。

　　（1）提高快门速度并调整感光度值：为了定格高速运动的动物，选择较高的快门速度是必要的。同时，也要适当增加相机的感光度值，以保持照片曝光准确。这可以确保在高速运动中捕捉到清晰的图像。

　　（2）注意噪点问题：在光线不足的情况下，通过增加感光度值来获得足够的快门速度可能会导致照片中出现噪点。噪点是图像中不希望出现的颗粒状或颗粒状的像素，会影响画质。为了减少噪点，可以使用相机的降噪功能，特别是开启数码单反相机的"高ISO感光度降噪"功能，以在保持较高快门速度的同时尽量控制噪点。

在拍摄飞奔的狗狗时，适当提高感光度值，使用高速快门定格狗狗跃起的瞬间，画面更加吸引眼球

CHAPTER

11

第11章

城市建筑题材
实拍训练

　　城市建筑摄影的用光技巧受到光源的影响，不论是在白天利用自然光还是在夜晚借助城市灯光，都衍生出不同的摄影方法。

　　本章将探讨城市建筑摄影中引人注目的画面效果，以了解其中的用光技巧。

11.1 | 选择适宜的天气进行拍摄

在城市建筑摄影中，对同一座建筑在不同天气下进行拍摄，会呈现出截然不同的效果。因此，在实际拍摄中，可以根据所追求的效果选择适宜的天气条件。以下是各种天气的特征。

（1）晴天呈现出一天中光线变化明显的特点。与风光摄影类似，我们可以在晨曦或傍晚时分，享受柔和的光线和绚丽的天空色彩，也可在上午或下午的强光时刻捕捉到不同的氛围。

（2）在阴雨天气下，光线温和且多带有水气。这种情况下，建筑受光均匀，评价测光模式是个不错的选择，可以确保建筑的整体曝光恰当。

（3）在雾天拍摄时，最好使用手动对焦，以保持建筑主体的清晰；在雪天拍摄，适度提高曝光补偿，可使建筑的照片更加明亮。

在雪天拍摄建筑时，适当调高曝光补偿，可以让建筑照片更加清晰、突出

11.2 | 增强建筑的立体效果

在拍摄建筑时，根据光线的不同位置和建筑的不同风格，画面呈现出独特的特点。

若想要突出建筑的立体感，可以考虑选择斜侧光或侧逆光的角度。侧光或侧逆光的照射方式，会使建筑的表面形成明显的明暗变化，周围还会显现出清晰的阴影；借助这些阴影的映衬，照片中建筑的立体感将更为突出。

在侧光位置拍摄建筑，能够产生强烈的明暗效果，在阴影的衬托下，整体画面呈现出更强烈的立体感

11.3 | 更好地呈现建筑细节

在拍摄建筑时，若想更准确地呈现建筑的细节，可以从以下几个方面入手。

（1）选择顺光的角度。顺光会均匀地照亮建筑主体，画面中不会出现明显的光影，也不会导致阴影区域的细节丧失。因此，在拍摄时应尽可能选取顺光的位置。

（2）采用评价测光方式。在顺光条件下拍摄，建筑受到均匀的光线照射，使用评价测光可以更准确地测量整体环境的光线，从而保证建筑主体的曝光准确。

（3）为了突显建筑细节，还可以选择光线柔和的时段进行拍摄。

用顺光位置拍摄建筑，可以更好地表现建筑的细节

选择顺光角度拍摄建筑，为了让场景中的细节更加清晰，可以使用评价测光

　　除了上述方法外，在光线强烈的环境中拍摄时，还可以利用相机内置的HDR功能，通过拍摄一系列等差曝光补偿的照片，将这些照片合成一幅画面中亮部与暗部均得到准确曝光的作品。

　　另一种方法是使用相机的包围曝光功能，拍摄三张照片，这三张照片的曝光补偿之间呈等差关系，比如-1EV、0EV、+1EV曝光补偿。之后，可以借助Photoshop软件的【合并到 HDR Pro...】功能，将这组包围曝光照片合成一张照片，清晰地展现画面中的亮部与暗部细节。

　　在使用相机的HDR功能或包围曝光功能时，最好将相机稳定地放置在三脚架上，以确保三张照片的拍摄角度一致。

-1EV

0EV

+1EV

在借助相机的HDR功能合成照片后，建筑亮部与暗部细节都可以得到清晰的展现

11.4 | 突显建筑轮廓的技巧

在建筑摄影中，通过选择不同的光线角度，可以获得不同的视觉效果。这里将重点介绍逆光角度下的建筑拍摄。在具体拍摄时，可以考虑以下几点。

（1）选择柔和光线时段拍摄。 在拍摄建筑剪影效果时，逆光可能会产生较强光线，因此建议选择光线较为柔和的时段进行拍摄，如日出或日落时。

（2）选择合适的测光方式。 使用相机的点测光功能，对天空中的亮区进行测光，这样可以突出剪影效果，让建筑的轮廓更加明显。

（3）选择独特轮廓的建筑。 逆光的效果能够突显建筑的轮廓，因此在拍摄时，尽量选择那些具有独特造型的建筑，以展现更清晰的剪影效果。

选择黄昏时的逆光角度拍摄建筑，可以创造出唯美的剪影效果，为作品增添一份独特的魅力

11.5 | 捕捉城市夜景的最佳时机

夜晚拍摄城市景观，准确把握最佳时机和时间点至关重要。

在拍摄城市夜景或夜间车流时，我们会选择晴朗或多云的天气条件，并将拍摄时间安排在太阳落山后、天空尚未完全变黑的那个时间段内，通常是太阳落山后的半小时左右。选择这个时间段的主要原因是，此时天空呈现出深蓝色或绛紫色，这种色调会使照片的色彩更加丰富多彩，整个画面也更加精彩。与完全黑暗的夜空相比，这个时段的色彩更加鲜明生动。

在太阳落山后的半小时内拍摄城市夜景，可以使天空的绛紫色与地面上城市灯光的结合更加美丽，为照片增添更多层次的色彩，同时也呈现出更加唯美的视觉效果

11.6 | 利用建筑玻璃反射进行创作

在城市中，我们经常会遇到带有玻璃表面的建筑，而在拍摄这些建筑时，选择顺光位置，并融合玻璃的反射光影，可以为画面增添精彩之处，在实际拍摄时需要注意以下几点。

（1）要对玻璃表面进行适当的测光。在捕捉玻璃镜面中的倒影时，需要对镜中的主体进行测光，以保证其曝光准确。

（2）适度降低曝光补偿，确保整体曝光合适。在实际操作中，主体的测光会导致周围曝光过度的情况，因此需要适当减小曝光补偿，以获得更为准确的曝光结果。

选择顺光的位置拍摄，可以更好地表现出镜面上反射的云朵

在黄昏或清晨拍摄反射效果时，选择逆光角度拍摄会让玻璃表面呈现出金黄的耀眼光芒，从而丰富画面的色彩，并使照片更加饱满生动

11.7 | 选择城市夜景摄影地点

选取一个理想的拍摄地点对于好的照片效果至关重要。特别是在捕捉城市夜景或者车流时，选取一个合适的视角可以为照片增色不少。

为了呈现更为广阔、壮观的城市景观，我们常常会选择位于较高位置进行拍摄，可以是天桥等略高出车流的地方，或者是城市中最高建筑的楼顶。对于一些地势较高的城市，也可以选择山上开阔的位置，借此来获得更好的视野。当然，在条件允许的情况下，航拍也是一个不错的选择。

对于临海城市，拍摄夜景时也可以选择较低的位置，以水面的倒影为画面增添更多的层次和魅力。无论选择何种角度，合适的拍摄地点都会为照片增添更多的价值和吸引力。

在夜晚拍摄城市景观时，可以选择大桥下较低的位置，结合水面上灯光和建筑的倒影，使画面更加丰富、有质感

11.8 | 感光度选择与城市夜景摄影

在夜晚拍摄建筑景色时，常常会面临光线不足的挑战，这时我们主要依赖城市中的人造光源，例如路灯、车灯以及建筑内部的照明。为了确保场景曝光准确，可以运用以下用光技巧。

（1）夜晚的光线相对有限，为了在保持画面清晰的前提下选择相对较高的快门速度，我们需要提高相机的感光度值，特别是在手持拍摄建筑景色时，往往需要提高感光度值以确保曝光准确。

（2）在采用慢速快门拍摄时，为了保持画面的清晰度，应当尽量将感光度值降至最低。

夜晚拍摄建筑时，可以通过适当提高感光度值来确保手持拍摄时的画面清晰度

在使用慢速快门拍摄时，应尽量将感光度值降至最低，以保证画质的细腻度。这样可以更好地应对夜景摄影时的光线挑战

11.9 | 夜景摄影的必备设备

进行夜景拍摄时，合适的器材能够使整个过程更加顺利。以下是一些建议。

（1）三脚架：夜景摄影通常需要使用慢速快门来进行长时间曝光，这可能导致手持拍摄时图像模糊。因此，使用三脚架来稳定相机非常重要，可以确保图像主体清晰可见。如果没有三脚架，你还可以利用环境中的稳定物体，如摄影包、树木等来支撑相机。

（2）快门线或遥控器：使用快门线或遥控器可以避免相机在按下快门按钮时产生的微小抖动，这对于夜间长时间曝光尤其重要。它们可以帮助你在无须直接接触相机的情况下触发快门，确保拍摄的稳定性。如果没有三脚架，但需要在稳定的表面上拍摄，可以考虑使用平稳的墙壁、桌子或其他固定物体作为支撑。这虽然不如三脚架稳定，但比完全手持拍摄好一些。

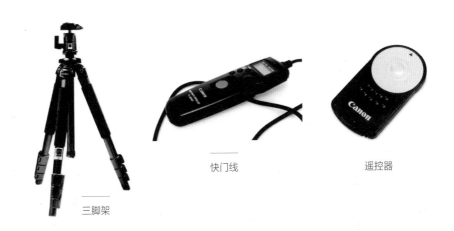

快门线　　　　　　　　　遥控器

三脚架

建议选择使用快门线主要有以下两点原因。

（1）避免相机抖动：在使用三脚架固定相机后，通过手动按下相机快门按钮可能会导致微小的相机抖动，进而使照片模糊不清。使用快门线可以远程触发相机的快门，避免直接接触相机造成的抖动，确保照片的清晰度。

（2）实现长时间曝光：在通常情况下，相机的快门速度最长可设定为30s。然而，在一些夜景拍摄中，可能需要更长时间的曝光，以捕捉更多的光线和景观。通过使用B门（Bulb）拍摄模式以及快门线的锁定功能，你可以自由控制曝光时间，从而实现长时间曝光效果，创造出流动、柔化的效果。

因此，对夜景摄影和长时间曝光拍摄来说，准备适当的快门线能够提高照片的质量和清晰度，同时也能提供更大的创意空间。

11.10 | 夜景长时间曝光摄影

在城市夜景摄影中，常用的拍摄技巧之一就是长时间曝光。这意味着使用相对较慢的快门速度来进行拍摄，以捕捉夜晚场景中的光线和运动效果。在实施长时间曝光时，需要注意以下几个关键点，以确保照片曝光准确。

（1）为了避免相机抖动，选择使用三脚架固定相机是必要的。同时，连接快门线可以远程触发快门，避免按下快门按钮时的相机抖动。

（2）将相机的感光度值调整到最低水平，通常是ISO 100，有助于减少噪点，使画面更加清晰和细腻。

（3）选择较小的光圈（高f值），如f/11或更高，有助于增加景深，并限制光线进入镜头，从而延长曝光时间。

（4）在夜景拍摄中，相机自动对焦可能会失效，因此建议切换到手动对焦模式，并将焦点准确地放在建筑主体上，以确保清晰度。

使用长时间曝光拍摄建筑夜景时，可以手动对焦在建筑主体上，选择小光圈，调低感光度值

11.11 | 创造星芒效果的城市夜景摄影

　　在夜晚拍摄灯光时，运用小光圈可以制造出明显的星芒效果。这一效果能够为画面增添闪烁的光芒，为照片营造出璀璨的氛围。以下是一些具体方法，能够帮助你在拍摄中实现更加明显的星芒效果。

　　（1）在追求星芒效果时，拍摄地点的选择非常重要。尽量寻找路灯密集的街道或区域，这将使画面中的光源更加集中，从而增强星芒的效果。此外，在天空尚未完全变黑之时拍摄，可以营造出更为强烈的冷暖对比，增强视觉冲击。

　　（2）小光圈的运用是创造星芒效果的关键。小光圈能够引发光线衍射，产生围绕高光点的星芒效果。通常情况下，选择f/11的小光圈会使星芒效果逐渐显现，进一步缩小光圈将产生更为鲜明的星芒。

　　（3）星光滤镜是一种特殊的滤镜，其镜片上雕刻着不同方向的细纹。这样的滤镜在捕捉光源时会引导光线形成星芒。使用星光滤镜，可以更加精准地控制光芒的方向和强度，营造出夜晚灯光的独特效果。

通过运用小光圈、选择合适的拍摄地点以及考虑使用星光滤镜等技巧，在夜景摄影中成功捕捉到充满魅力的星芒效果

11.12 捕捉迷人的光斑效果

　　在夜晚拍摄城市景色时，可以利用焦外成像的原理创造出美丽迷人的光斑效果。实际操作时，对焦在近处的空间或者寻找近处的主体，这样可以使远处的灯光产生虚化，形成令人陶醉的光斑效果。

　　拍摄时，焦点距离越近，远处的灯光形成的光斑效果就越明显。同时，调大镜头光圈，也会加强这种效果。光斑的大小会受到灯光本身的尺寸、亮度和距离，以及镜头光圈大小的影响。通常情况下，灯光距离焦点在2~20米范围内会产生比较理想的效果。太近的距离会导致虚化不足，太远的距离则光斑效果可能不够明显或者太小。

借助虚焦的方法拍摄夜景，可以创造出画面中点点光斑的效果，营造出极具浪漫和梦幻感的氛围

11.13 | 在立交桥上记录车流景象

　　在夜景摄影中，无论是寂静的街灯、熙熙攘攘的车流还是闪烁的霓虹灯，都为照片增添了无限惊喜。这里我们重点了解一下如何拍摄城市中的夜景车流。

　　实际拍摄时，最主要的技巧之一是运用慢速快门，这会在照片中留下明亮的车流轨迹，宛如美丽的丝带般流动。要拍摄出引人注目的夜景车流轨迹，可以从以下几点入手。

　　（1）设置10~20s的快门速度。快门速度是影响拍摄车流轨迹的关键因素，它决定了照片中光轨的长度和连贯性。若快门速度过快，车灯的轨迹可能会显得断断续续。通常情况下，使用10~20s的快门速度，车灯在画面中的轨迹会更为连贯和美观。

　　（2）选择车流量较大的位置。通常，我们会选择车流量较大的交叉口、立交桥等地进行拍摄。当然，在低角度拍摄时，也可以在这些路段的路边仰拍，创造出天空中美丽的车流丝带效果。

拍摄城市车流时，选择车流量较大的立交桥进行拍摄，能够使照片中的车流轨迹更加显眼，创造出美丽的流动光带效果

身处车流之中拍摄的视角可以将观者更好地带入都市繁忙、快节奏的情境之中

（3）在拍摄城市夜景车流时，选择具有曲线的街道可以为画面增添更多的动感和艺术美感。在选择有曲线的街道进行拍摄时，需要注意以下两点以确保效果出色。

第一点，俯视拍摄。在平视角度下拍摄，近景大、远景小的透视关系可能会使曲线轨迹不够明显。因此，最好选择俯视拍摄的方式，从高处俯视街道，这样画面中的曲线轨迹会更加突出、清晰。

第二点，选择较长曝光时间。拍摄弯曲的街道时，由于需要捕捉整条道路的车流轨迹，可以选择较长的曝光时间。这样，车流的光轨就会更加连贯，呈现出更流畅的线条效果。

选择有曲线的街道进行俯视拍摄，同时采用适当的曝光时间，可以使城市夜景车流形成大的曲线，为画面增加一份独特的艺术感